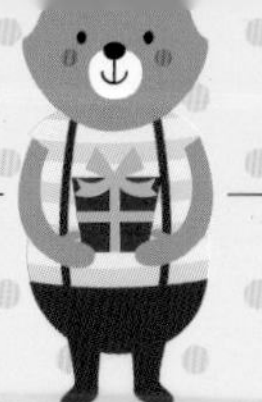

● よくできたとき，よく頑

Ⓔ

LESSON 1

ひょうと　グラフ ①

シール

月　日

とく点

点　合かく 80点

1 グループで　すきな　色(いろ)を　しらべました。

みどり	青	赤	みどり	黄色(きいろ)
赤	黄色	みどり	赤	みどり
黒(くろ)	みどり	みどり	赤	青

❶ ひょうに　せいり　しましょう。(30点(てん)) 1つ6

〈すきな　色〉

色	青	赤	みどり	黄色	黒
人数(にんずう)					

❷ ◯を　つかって，グラフに　かきましょう。(30点) 1つ6

〈すきな　色〉

青	赤	みどり	黄色	黒

❸ すきな　人が　いちばん　多(おお)いのは　何色(なにいろ)ですか。(20点)

[　　　　]

❹ グループの　人数は　ぜんぶで　何人(なんにん)ですか。(20点)

[　　　　]

答えは87ページ ☞

LESSON 2

ひょうと　グラフ ②

シール

月　日

とく点

点 / 合かく 80点

1 学校の　中で，けがを　した　人の　数（かず）を　しらべました。

〈けがを　した　人〉

月	4	5	6	7	8	9	10	11	12	1	2	3
人数（にんずう）	2	3	5	2	1	3	2	4	2	1	4	3

❶ ◯を　つかって，グラフに　かきましょう。
（60点（てん））1つ5

〈けがを　した　人〉

❷ けがを　した　人が　もっとも　多（おお）い　月は　何月（なんがつ）ですか。（20点）

[　　　　]

❸ 8月と　2月の　けがを　した　人の　ちがいは　何人ですか。（20点）

[　　　　]

答えは87ページ ☞

LESSON

3 たし算

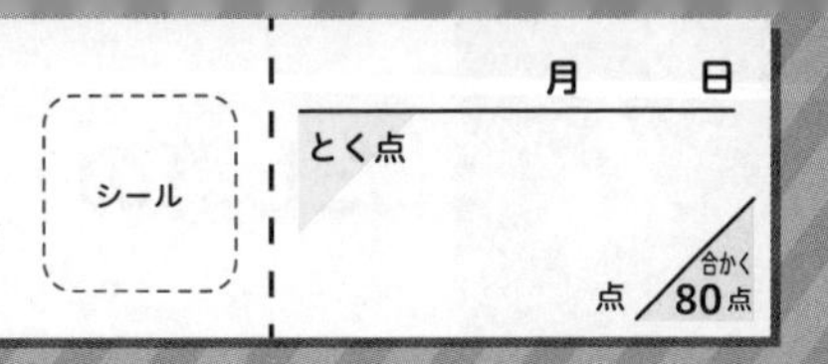

1 えんぴつが 38本 あります。6本 もらいました。何本に なりましたか。計算のしかたを 考えましょう。(40点) □1つ8

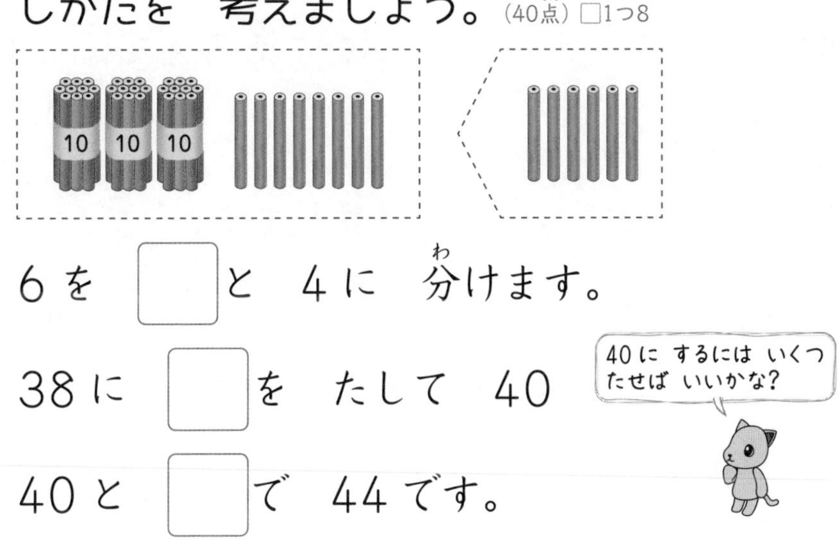

6を □と 4に 分けます。

38に □を たして 40

40と □で 44です。

40に するには いくつ たせば いいかな?

(しき) □+6=44 (答え) □本

2 計算を しましょう。(60点) 1つ15

❶ 73+9 ❷ 27+5

❸ 58+9 ❹ 7+66

答えは87ページ ☞

LESSON 4

たし算の　ひっ算 ①

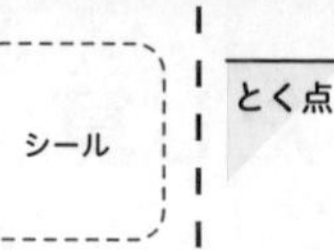

月　日

とく点

点　合かく 80点

1 16+23 の　ひっ算は，つぎのように　します。□に　ことばや　数を　書きましょう。

（40点）1つ10

❶ たてに ［　　　］を　そろえて　書きます。

❷ ［　　］のくらいを　計算します。

6+3=9

❸ ［　　］のくらいを　計算します。

1+2=3

❹ 答えは ［　　］です。

```
  16
+ 23
----
```
⇩
```
  16
+ 23
----
  39
```

2 ひっ算で　しましょう。（60点）1つ15

❶ 21+36　　❷ 53+42

❸ 74+3　　❹ 65+24

答えは87ページ ☞

LESSON 5

たし算の　ひっ算 ②

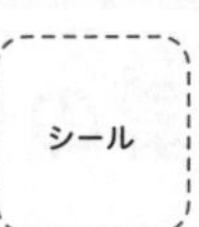

月　日

とく点

点　合かく 80点

1 計算を　しましょう。(80点) 1つ10

❶ $12 + 6$

❷ $58 + 21$

❸ $33 + 55$

❹ $65 + 11$

❺ $20 + 29$

❻ $51 + 16$

❼ $42 + 51$

❽ $35 + 22$

2 りくさんは　52円の　ガムと　35円の　ラムネを　買います。だい金は　いくらに　なりますか。(しき10点・答え10点)

(しき)

[　　　　]

答えは87ページ ☞

LESSON 6

たし算の　ひっ算 ③

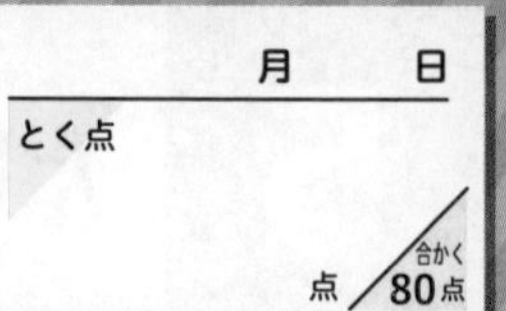

1 54+28 の　ひっ算は，つぎのように　します。□に　ことばや　数を　書きましょう。（40点）1つ10

❶ たてに □ を　そろえて　書きます。

	5	4
+	2	8

⇩

	1	
	5	4
+	2	8
	8	2

❷ 一のくらいを　計算します。

4+8=12

十のくらいに　1 □ ます。

❸ 十のくらいを　計算します。

□+□+□=□

❹ 答えは □ です。

2 ひっ算で　しましょう。（60点）1つ15

❶ 17+48　　❷ 36+25

❸ 7+89　　❹ 28+46

答えは87ページ ☞

たし算の　ひっ算　④

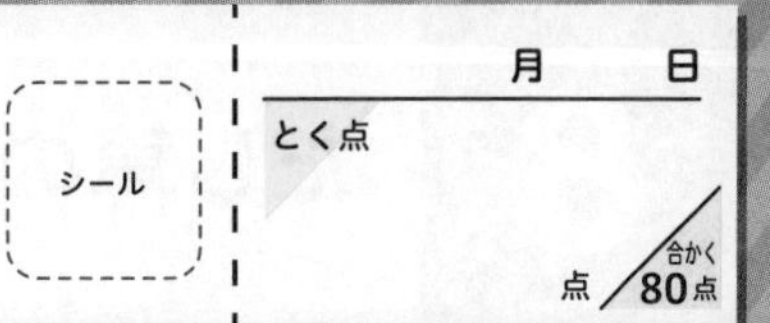

1 計算を　しましょう。（80点）1つ10

❶
$$\begin{array}{r} 47 \\ +24 \\ \hline \end{array}$$

❷
$$\begin{array}{r} 19 \\ +36 \\ \hline \end{array}$$

❸
$$\begin{array}{r} 73 \\ +17 \\ \hline \end{array}$$

❹
$$\begin{array}{r} 28 \\ +\ \ 5 \\ \hline \end{array}$$

❺
$$\begin{array}{r} 27 \\ +59 \\ \hline \end{array}$$

❻
$$\begin{array}{r} 46 \\ +16 \\ \hline \end{array}$$

❼
$$\begin{array}{r} 6 \\ +34 \\ \hline \end{array}$$

❽
$$\begin{array}{r} 68 \\ +29 \\ \hline \end{array}$$

2 花だんに　白色の　パンジーが　24本，赤色の　パンジーが　27本　さいて　います。パンジーは　ぜんぶで　何本　さいて　いますか。（しき10点・答え10点）

（しき）

[　　　　]

答えは87ページ ☞

LESSON 8

たし算の　きまり

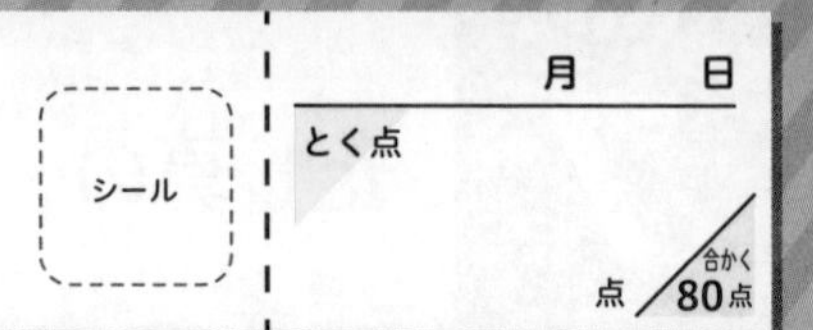

1 たされる数と　たす数を　入れかえた　ひっ算で，答えを　たしかめましょう。（40点）1つ20

❶ 45+28=73　　❷ 15+67=82

2 答えが　同じに　なる　しきを　見つけて　線で　むすびましょう。（60点）1つ15

左	右
28+34	24+66
51+15	15+51
9+62	43+32
66+24	62+9
	34+28

答えは87ページ

LESSON 9

ひき算(ざん)

シール

月　日

とく点

点　合かく 80点

1 すずめが　やねに　24羽(わ)　とまって　います。7羽　とんで　いきました。いま，何羽(なんわ)　のこって　いますか。計算(けいさん)の　しかたを　考(かんが)えましょう。

（40点(てん)）□1つ8

24を　20と　4に　分(わ)けます。

20から　7を　ひいて　□です。

4と　□で　17です。

（しき）24－□＝□　（答(こた)え）□羽

2 計算を　しましょう。（60点）1つ15

❶ 52－8　　❷ 76－9

❸ 43－7　　❹ 23－5

答えは88ページ ☞

LESSON 10

ひき算の　ひっ算 ①

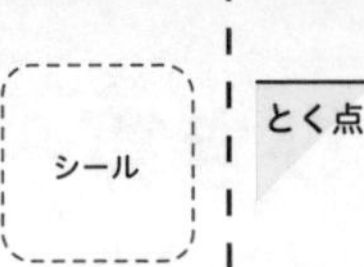

月　日
とく点
点／合かく80点

1 38−26の　ひっ算は，つぎのように　します。□に　ことばや　数を　書きましょう。（40点）1つ10

❶ たてに □ を　そろえて　書きます。

❷ 一のくらいを　計算します。

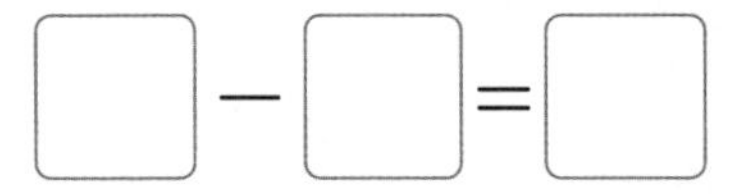

□−□＝□

❸ 十のくらいを　計算します。

□−□＝□

❹ 答えは □ です。

```
   3 8
 − 2 6
 ─────
   ⇩
   3 8
 − 2 6
 ─────
   1 2
```

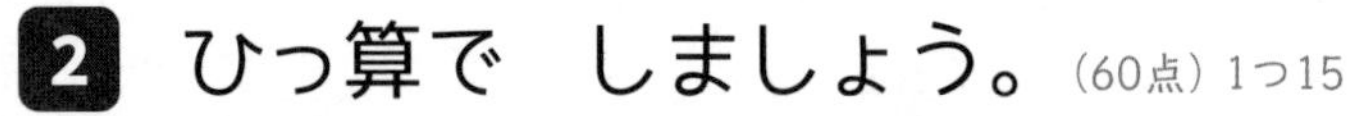

2 ひっ算で　しましょう。（60点）1つ15

❶ 85−32　　❷ 39−13

❸ 48−7　　❹ 56−52

LESSON 11

ひき算の　ひっ算 ②

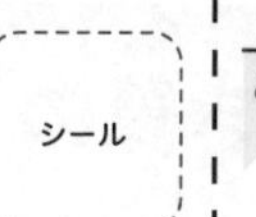

月　日

とく点

点 / 合かく 80点

1 計算を　しましょう。（80点）1つ10

❶
$$\begin{array}{r} 65 \\ -31 \\ \hline \end{array}$$

❷
$$\begin{array}{r} 86 \\ -24 \\ \hline \end{array}$$

❸
$$\begin{array}{r} 57 \\ -7 \\ \hline \end{array}$$

❹
$$\begin{array}{r} 48 \\ -43 \\ \hline \end{array}$$

❺
$$\begin{array}{r} 99 \\ -12 \\ \hline \end{array}$$

❻
$$\begin{array}{r} 34 \\ -22 \\ \hline \end{array}$$

❼
$$\begin{array}{r} 27 \\ -6 \\ \hline \end{array}$$

❽
$$\begin{array}{r} 76 \\ -61 \\ \hline \end{array}$$

2 58まいの　色紙が　あります。この色紙を　32まい　つかいました。のこりは　何まい　ですか。（しき10点・答え10点）

（しき）

［　　　　］

答えは88ページ

LESSON 12 ひき算の　ひっ算 ③

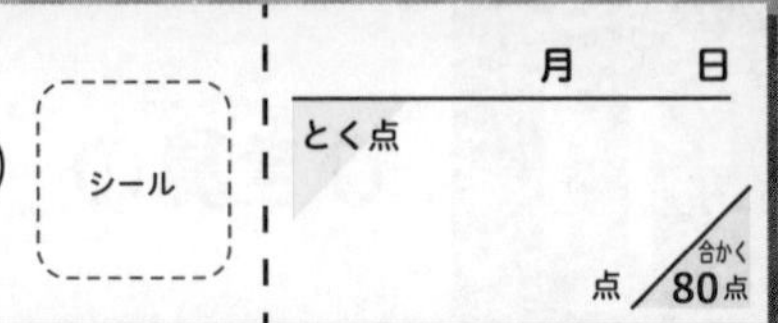

1 73−58の　ひっ算は，つぎのように　します。□に　ことばや　数を　書きましょう。
(40点) 1つ10

❶ たてに　□　を　そろえて　書きます。

$$\begin{array}{r} 73 \\ -\ 58 \\ \hline \end{array}$$

❷ 一のくらいを　計算します。

十のくらいから　１　□　て，

13−8=5

$$\begin{array}{r} \overset{6}{\cancel{7}}3 \\ -\ 58 \\ \hline 15 \end{array}$$

❸ 十のくらいを　計算します。

❹ 答えは　□　です。

2 ひっ算で　しましょう。(60点) 1つ15

❶ 76−28　　❷ 64−35

❸ 61−57　　❹ 93−6

答えは88ページ ☞

LESSON 13

ひき算(ざん)の ひっ算(さん) ④

月 日

とく点

点 / 合かく 80点

1 計算(けいさん)を しましょう。(80点(てん)) 1つ10

❶ $\begin{array}{r} 32 \\ -16 \\ \hline \end{array}$

❷ $\begin{array}{r} 85 \\ -7 \\ \hline \end{array}$

❸ $\begin{array}{r} 52 \\ -29 \\ \hline \end{array}$

❹ $\begin{array}{r} 70 \\ -48 \\ \hline \end{array}$

❺ $\begin{array}{r} 91 \\ -53 \\ \hline \end{array}$

❻ $\begin{array}{r} 24 \\ -5 \\ \hline \end{array}$

❼ $\begin{array}{r} 46 \\ -39 \\ \hline \end{array}$

❽ $\begin{array}{r} 63 \\ -17 \\ \hline \end{array}$

2 バスに 50人 のって います。つぎの バスていで 17人が おりました。バスに のこって いる 人は 何人(なんにん)ですか。

(しき10点・答(こた)え10点)

(しき)

[ ]

答えは88ページ ☞

LESSON 14

ひき算の　きまり

シール

月　日

とく点

点　合かく 80点

1 答えに　ひく数を　たす　ひっ算で，答えを　たしかめましょう。（40点）1つ20

❶ 78−19=59　　❷ 43−21=22

たしかめ

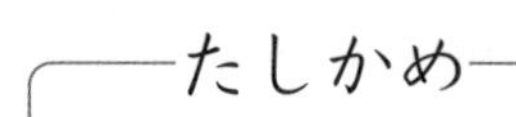

たしかめ

2 下の　ひき算の　答えの　たしかめに　なる，たし算の　しきは　どれですか。線で　むすびましょう。（60点）1つ15

69−24 •	• 18+72
34−15 •	• 19+34
82−43 •	• 45+24
90−72 •	• 39+43
	• 19+15

答えは88ページ ☞

LESSON 15

たし算や　ひき算の　もんだい ①

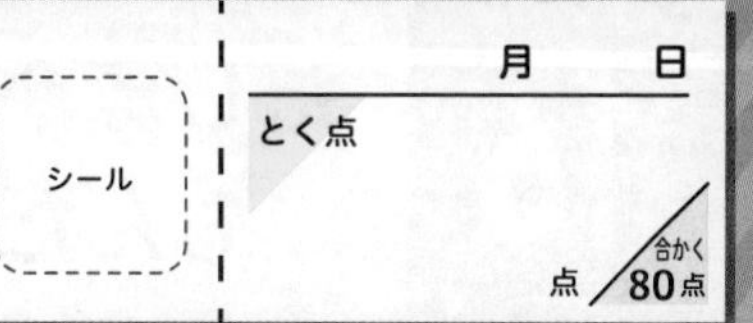

1 えんぴつが　36本，けしゴムが　23こ　あります。25人の　子どもに，えんぴつ　1本と　けしゴム　1こを　1人分として　くばります。

❶ あまるものは　何ですか。（20点）

[　　　　　]

❷ あまるものは　どれだけ　あまりますか。（しき15点・答え15点）

（しき）

[　　　　　]

❸ たりないものは　何ですか。（20点）

[　　　　　]

❹ たりないものは　どれだけ　たりませんか。（しき15点・答え15点）

（しき）

[　　　　　]

答えは88ページ ☞

LESSON 16

たし算や　ひき算の　もんだい ②

シール

月　日

とく点

点　合かく 80点

1 おはじきを　23こ　もって　いました。友だちに　何こか　もらったので，48こに　なりました。もらった　おはじきは　何こですか。（しき20点・答え10点）

（しき）

[　　　　　]

2 公園で　子どもが　あそんで　いました。9人が　帰ったので，24人に　なりました。はじめは　何人　いましたか。（しき20点・答え10点）

（しき）

[　　　　　]

3 玉入れを　して　います。あと　8こ　入ると　45こに　なります。いま　何こ　入って　いますか。（しき20点・答え20点）

（しき）

[　　　　　]

答えは88ページ ☞

長(なが)さ ①

シール

月　日

とく点

点 / 合かく 80点

1 つぎの　㋐，㋑，㋒の　長さは　何(なん)cm ですか。（60点(てん)）1つ20

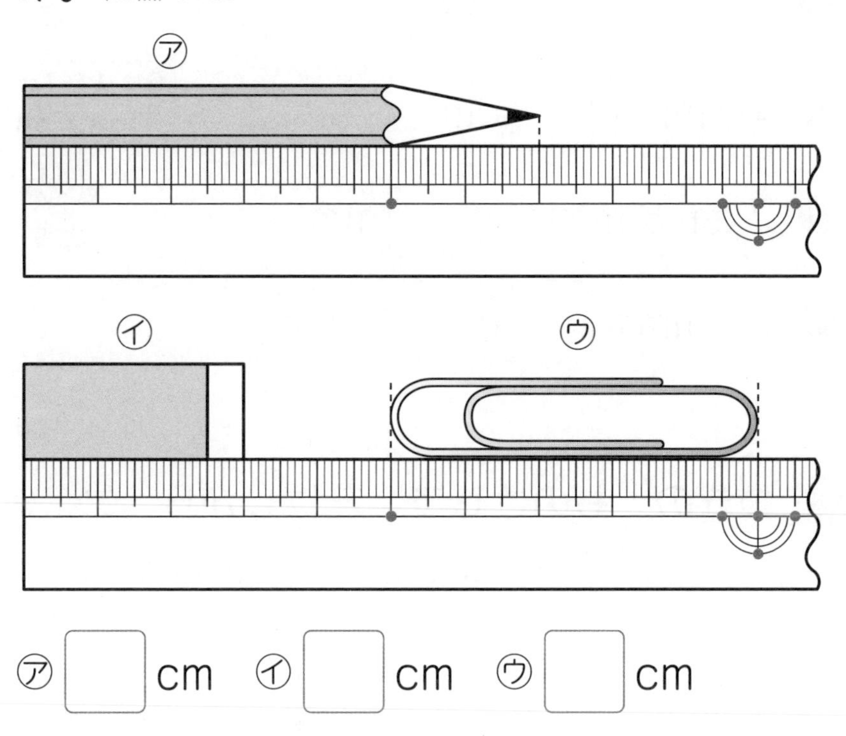

㋐ [　] cm　㋑ [　] cm　㋒ [　] cm

2 つぎの　テープの　たてと　よこの　長さを　ものさしで　はかりましょう。（40点）1つ20

たて [　] cm　よこ [　] cm

答えは88ページ ☞

LESSON 18

長(なが)さ ②

シール

月　日

とく点　　点　合かく 80点

1 □に 数(かず)を 書(か)きましょう。（60点(てん)）1つ15

❶ 1 cm＝□mm

❷ 40 mm＝□cm

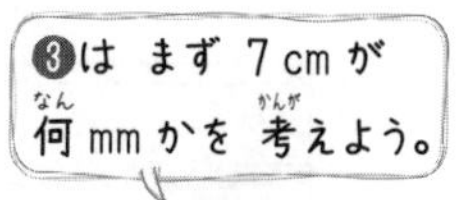

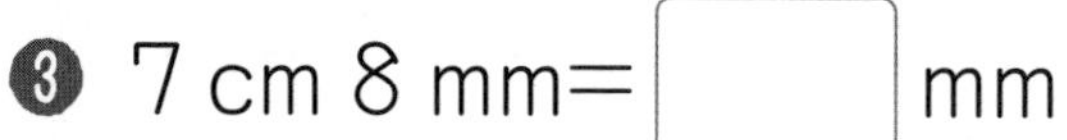

❸ 7 cm 8 mm＝□mm

❹ 36 mm＝□cm□mm

2 つぎの ものさしで 左はしから ㋐，㋑，㋒，㋓までの 長さを 答(こた)えましょう。

（40点）1つ10

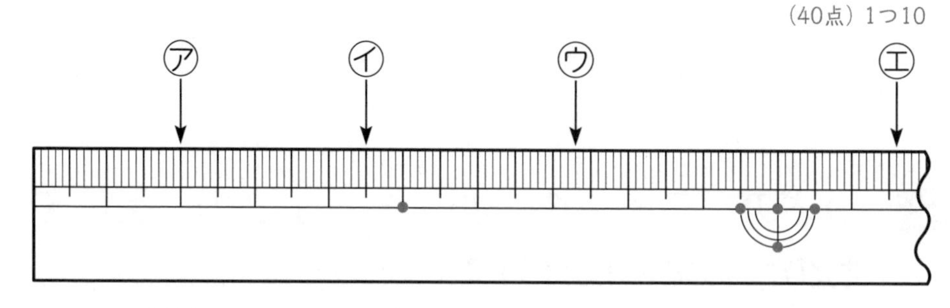

㋐ □cm　㋑ □mm

㋒ □mm　㋓ □cm□mm

答えは89ページ ☞

LESSON 19

長(なが)さ ③

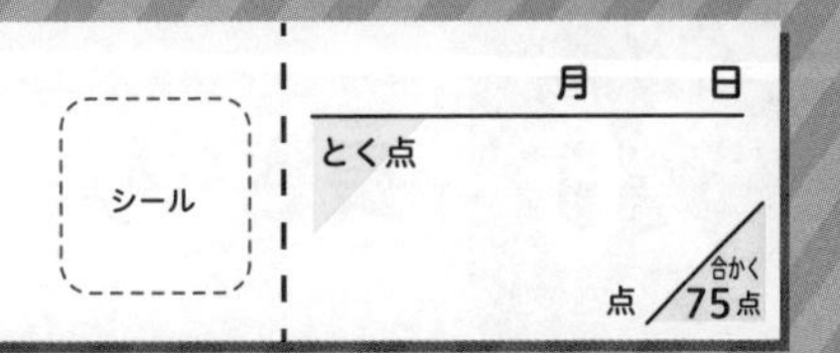

1 2ひきの　アリが　ゴールを　めざして　います。ものさしを　つかって　考(かんが)えましょう。

（100点(てん)）1つ25

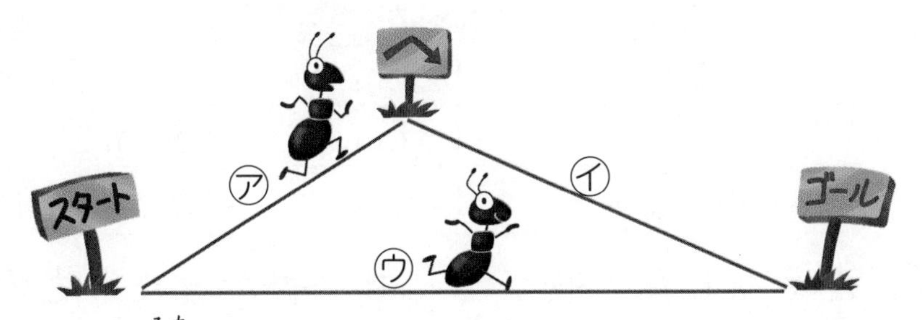

❶ ㋐の　道(みち)の　長さは　何(なん)cm何mmですか。

□cm□mm

❷ ㋑の　道の　長さは　何cmですか。

□cm

❸ ㋐の　道と　㋑の　道の　長さを　あわせると　何cm何mmですか。

□cm□mm

❹ ㋐と　㋑を　あわせた　道と　㋒の　道の　長さの　ちがいは　何mmですか。

□mm

答えは89ページ ☞

LESSON 20

長さ ④

シール

月　日

とく点

点　合かく 80点

1 いろいろな　ものの　長さを　よそうして　ひょうに　しました。（40点）1つ20

もの	よそうした　長さ	はかった　長さ
えんぴつ	12 cm	10 cm 8 mm
ノートの　はば	16 cm	18 cm 2 mm
かんの　高さ	12 cm	10 cm 5 mm

❶ よそうした　長さよりも　長かった　ものは　どれですか。

[　　　　　　　　]

❷ ❶で　えらんだ　ものの　長さは　よそうした　長さよりも　何cm何mm長いですか。

□cm□mm

2 □に　数を　書きましょう。（60点）1つ20

❶ 8 cm 2 mm+4 mm=□cm□mm

❷ 7 cm 3 mm+5 cm=□cm□mm

❸ 19 cm 7 mm−13 cm=□cm□mm

答えは89ページ

LESSON 21

1000までの 数 ①

シール

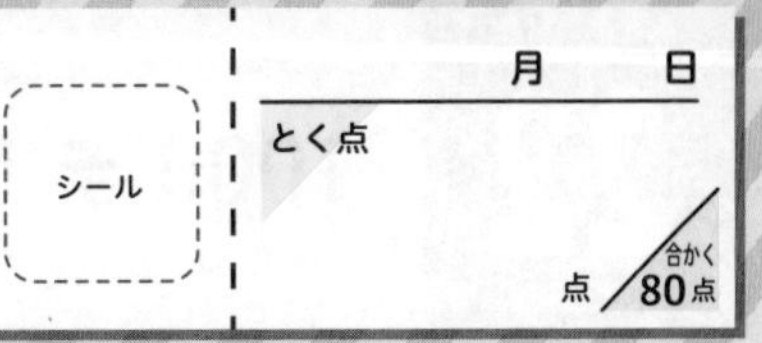

1 □に あてはまる 数を 書きましょう。

（60点）1つ20

❶ 六百二十八を 数字で 書くと, □

❷ 100を 9こと, 10を 7こ, 1を 4こ あわせた 数は, □

❸ 489は, 100を □こ, 10を □こ, 1を □こ あわせた 数です。

2 つぎの ものは いくつ ありますか。

（40点）1つ10

❶ 100 10

□まい

❷ 100 100

□本

❸

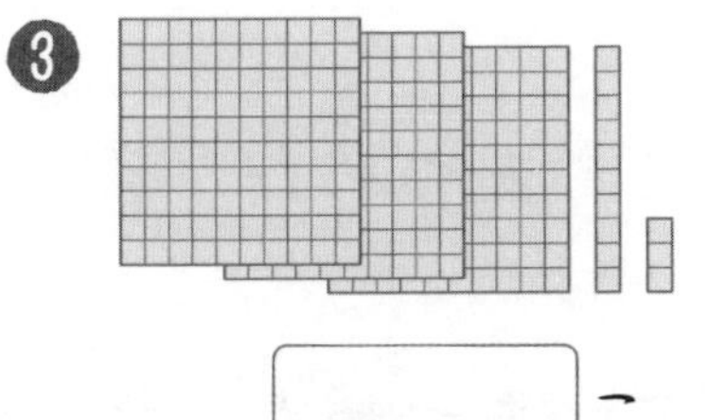

□こ

❹ 100 100 100 100 100 1 1 1 1

□円

答えは89ページ ☞

LESSON 22

1000までの 数（かず） ②

シール

月　日

とく点

点 / 合かく 80点

1 つぎの 数字（すうじ）を 書（か）きましょう。（60点（てん））1つ20

	百のくらい	十のくらい	一のくらい
❶ 378			
❷ 807			
❸ 690		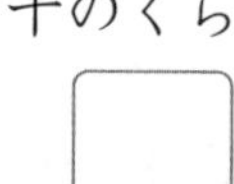	

2 □に あてはまる 数を 書きましょう。

（40点）1つ10

❶ 10を  こ あつめると，250

❷ 10を  こ あつめると，680

❸ 430は 10を  こ あつめた 数

❹ 790は 10を 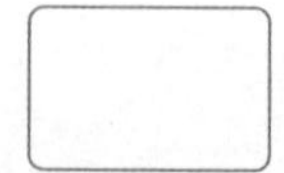 こ あつめた 数

答えは89ページ ☞

LESSON 23

1000までの 数(かず) ③

月 日

とく点

点 / 合かく 80点

1 □に あてはまる 数を 書(か)きましょう。

❶ 350—400—□—□—550

❸ □—600—□—800—900

2 ㋐, ㋑, ㋒, ㋓の 数を 答(こた)えましょう。

(40点) 1つ10

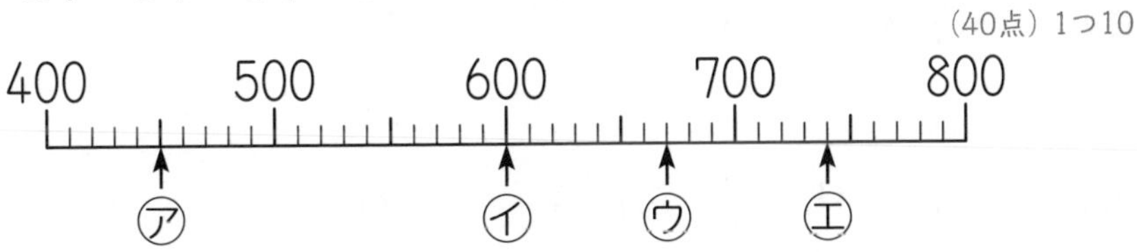

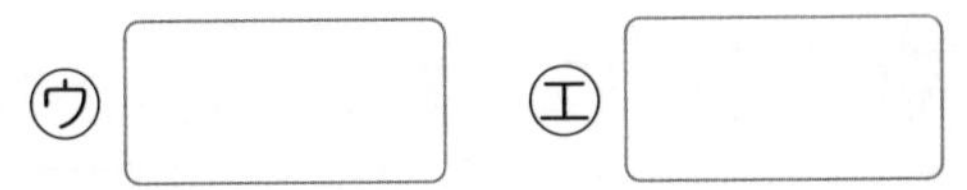

LESSON 24

1000までの 数(かず) ④

シール

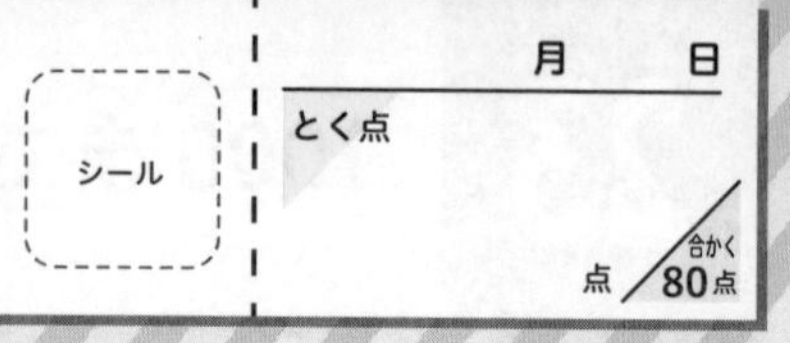

1 つぎの 数を あらわす 目もりに，↑を かきましょう。（60点(てん)）1つ10

❶ 505，512，528

500 510 520 530

❷ 730，880，960

700 800 900 1000

2 □に あてはまる 数を 書(か)きましょう。（40点）1つ10

❶ 100を 10こ あつめると，□

❷ 600より 5 小さい 数は，□

❸ 1000より 90 小さい 数は，□

❹ 700に あと □ あると，1000に なります。

答えは89ページ ☞

LESSON 25

何十，何百の　計算

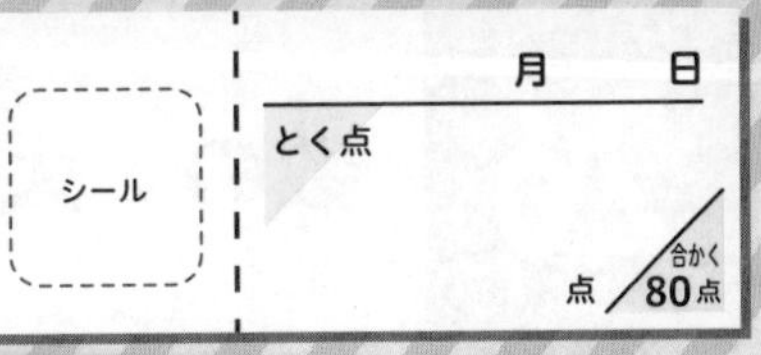

1 れいさんは　家ぞくと　いっしょに　スーパーに　行きました。（40点）1つ20

たまご

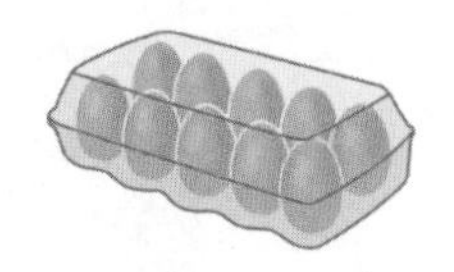

200円

イチゴ

400円

ぶた肉

700円

❶ たまごと　イチゴを　買うと，ぜんぶで　何円ですか。

[　　　　　]

❷ れいさんは　900円　もって　います。ぶた肉を　買うと，何円　のこりますか。

[　　　　　]

2 計算を　しましょう。（60点）1つ10

❶ 50＋30

❷ 500＋300

❸ 600＋400

❹ 120−70

❺ 300−100

❻ 1000−500

答えは89ページ ☞

LESSON 26

数(かず)の　大小

シール

月　日

とく点

点 / 合かく 80点

1 さとしさんは　200円　もって　だがしやに　行(い)きました。(40点(てん)) 1つ20

ラムネ　チョコレート　アメ　ジュース

50円　80円　30円　100円

❶ ジュースを　1本　買(か)うと　何円(なんえん)　のこりますか。

[　　　　]

❷ ❶で　のこった　お金で，おかしを　2つ買います。何(なに)と　何を　買えますか。

[　　　　　　]

2 □に　あてはまる　＞，＜を　書(か)きましょう。(60点) 1つ15

❶ 118 □ 65　　❷ 247 □ 268

❸ 40+80 □ 150　　❹ 120−80 □ 30

答えは89ページ ☞

LESSON 27

水の　かさ ①

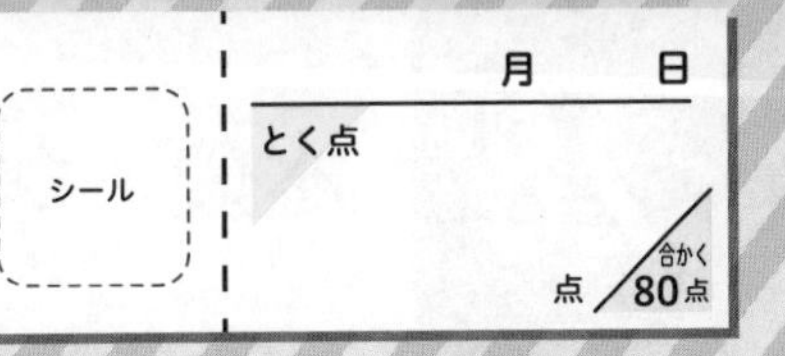

1 つぎの　かさは　どれだけですか。（20点）1つ10

❶

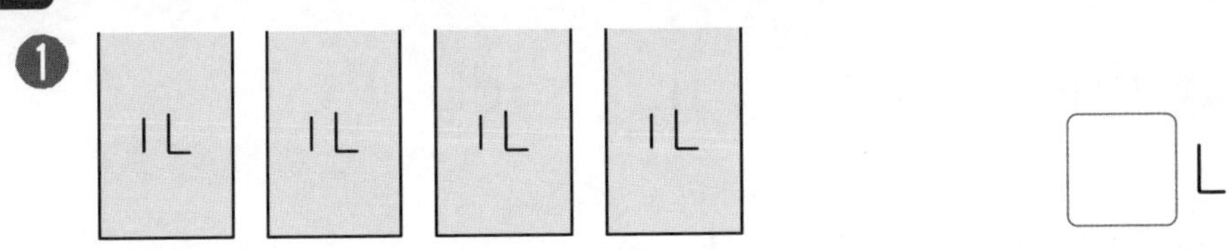

❷

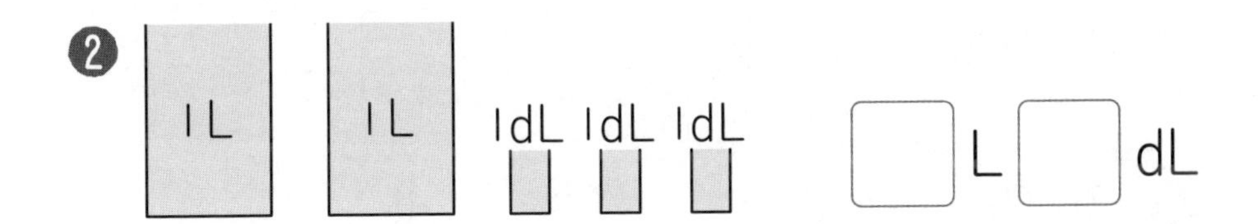

2 □に　数を　書きましょう。（80点）1つ20

❶ 5L＝□dL

❷ 13dL＝□L□dL

❸ 2L8dL＝□dL

❹ 90dL＝□L

答えは89ページ ☞

LESSON 28

水の　かさ ②

シール

月　日

とく点　　点　合かく80点

1 計算を　しましょう。（60点）1つ15

❶ 6dL＋8dL＝□L□dL

❷ 3L 2dL＋2L 7dL＝□L□dL

❸ 8L 5dL－4L 3dL＝□L□dL

❹ 3L 9dL－4dL＝□L□dL

2 ジュースが　入った　びんが　2つ　あります。（40点）1つ20

1L6dL　7dL

❶ あわせて　何L何dL　ありますか。

[　　　　　]

❷ ちがいは　何dLですか。

[　　　　　]

LESSON 29

水の　かさ ③

シール

月　日

とく点　点　合かく 80点

1 つぎの　かさは　どれだけですか。（20点）1つ10

❶

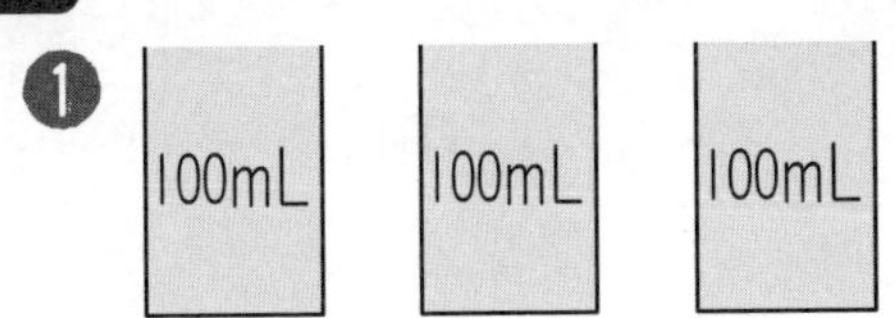

□ mL

❷

100mL　10mL　10mL　10mL　10mL

□ mL

2 □に　たんいや　数を　書きましょう。

（60点）1つ15

❶ 1 L＝1000 □　　❷ 100 mL＝1 □

❸ 700 mL＝□ dL　　❹ 6 dL＝□ mL

3 どちらが　多いですか。□に　あてはまる >, <を　書きましょう。（20点）1つ10

❶ 3 dL □ 3 mL　　❷ 860 mL □ 9 dL

答えは90ページ

LESSON 30

水の　かさ ④

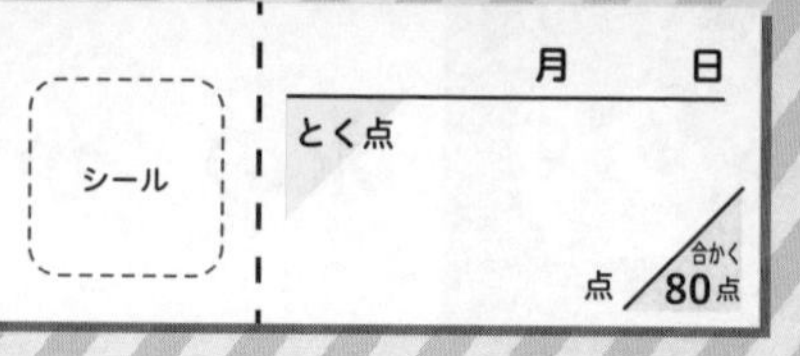

1 計算(けいさん)を　しましょう。（60点(てん)）1つ15

❶ 70 mL＋80 mL＝［　　］mL

❷ 600 mL＋400 mL＝［　］L

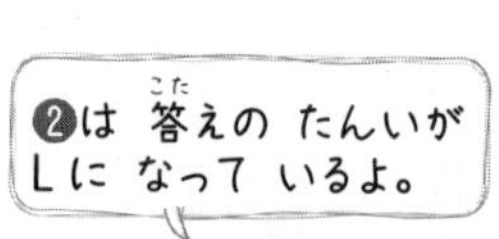

❸ 130 mL−50 mL＝［　　］mL

❹ 1 L−700 mL＝［　　］mL

2 牛(ぎゅう)にゅうが　㋐の　びんには　800 mL，㋑の　びんには　600 mL　入って　います。

（40点）1つ20

❶ ㋐と　㋑は　あわせて　何(なん)L何dL　ありますか。

［　　　　　］

❷ ㋐と　㋑の　ちがいは　何dLですか。

［　　　　　］

答えは90ページ

LESSON 31

時こくと　時間 ①

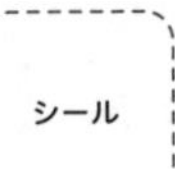

月　日

とく点

点　合かく 80点

1 時計を　見て，答えましょう。（60点）1つ20

❶ あの　時こくは，家を　出た　時こくです。何時ですか。

[　　　　　　]

❷ いの　時こくは，学校に　ついた　時こくです。何時何分ですか。

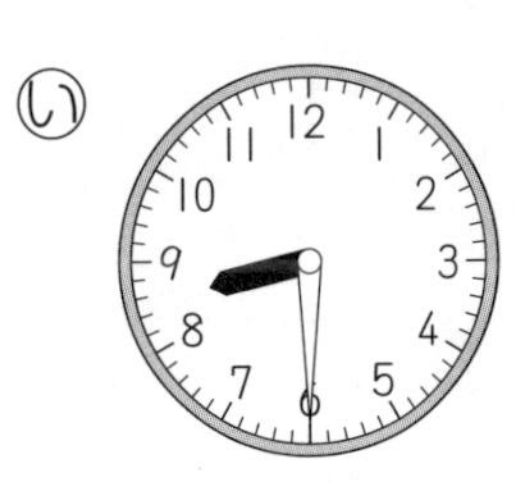

[　　　　　　]

❸ 家から　学校までは，何分　かかりましたか。

[　　　　　　]

2 時計を　見て，つぎの　時こくを　答えましょう。（40点）1つ20

❶ 30 分後　[　　　　　　]

❷ 10 分前　[　　　　　　]

答えは90ページ

LESSON

32 時こくと 時間 ②

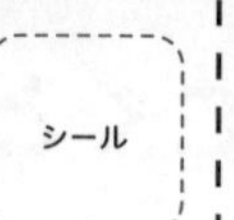

月 日

とく点

点 合かく 80点

1 時計を 見て，答えましょう。(60点) 1つ20

❶ ㋐の 時こくから ㋑の 時こくまで 何時間 かかりますか。 [ ]

❷ ㋑の 時こくから ㋒の 時こくまで 何時間 かかりますか。 [ ]

❸ ㋐の 時こくから ㋒の 時こくまで 何時間 かかりますか。 [ ]

2 時計を 見て，つぎの 時こくを 答えましょう。(40点) 1つ20

❶ 3時間後 [ ]

❷ 4時間前 [ ]

答えは90ページ ☞

LESSON 33

時こくと　時間 ③

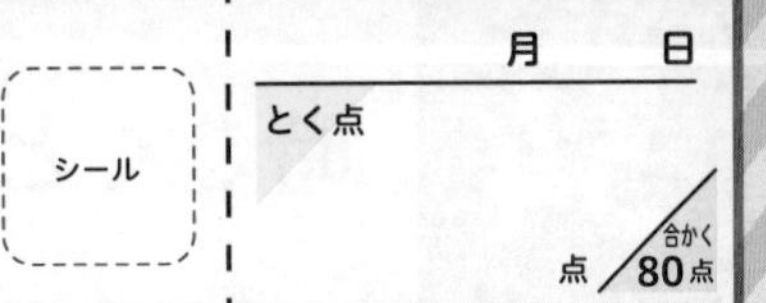

1 時計を　見て，答えましょう。(60点) 1つ20

あ

い

う

❶ あの　時こくから　いの　時こくまで　何分かかりますか。　[　　　　]

❷ いの　時こくから　うの　時こくまで　何分かかりますか。　[　　　　]

❸ あの　時こくから　うの　時こくまで　何分かかりますか。　[　　　　]

2 時計を　見て，つぎの　時こくを　答えましょう。(40点) 1つ20

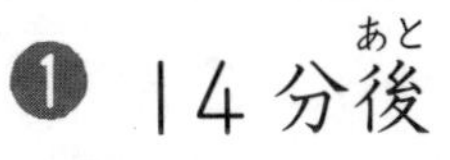

❶ 14 分後　[　　　　]

❷ 28 分前　[　　　　]

答えは90ページ ☞

LESSON 34

時(じ)こくと　時間(じかん) ④

シール

月　日

とく点

点　合かく 80点

1 □に　あてはまる　数(かず)を　書(か)きましょう。

（60点(てん)）1つ15

❶ 1時間＝□分(ぷん)

❷ 1時間50分＝□分

❸ 70分＝□時間□分

❹ 100分＝□時間□分

2 しゅんさんは　学校へ　行(い)くために　7時45分(ふん)に　家(いえ)を　出ました。もんだいに　答(こた)えましょう。（40点）1つ20

❶ しゅんさんは　家を出る　40分前(まえ)に　おきました。しゅんさんが　おきたのは　何時何(なんじなん)分ですか。

[　　　　　]

❷ しゅんさんが　学校に　ついたのは　家を出てから　10分後(あと)でした。しゅんさんが学校に　ついたのは　何時何分ですか。

[　　　　　]

答えは90ページ ☞

LESSON 35

時こくと　時間 ⑤

シール

月　日

とく点

点　合かく80点

1 午前，午後を　つけて　時こくを　答えましょう。(40点) 1つ20

❶ 朝

[　　　　　　]

❷ 夕方

[　　　　　　]

2 □に　あてはまる　数を　書きましょう。(30点) 1つ15

❶ 午前，午後は，それぞれ□時間

❷ 1日＝□時間

3 もんだいに　答えましょう。(30点) 1つ15

❶ 午前10時から　3時間後は　午後何時に　なりますか。

午後[　　　　　　]

❷ 午前9時から　午後1時までは，何時間　ありますか。

[　　　　　　]

答えは90ページ

LESSON 36

時こくと　時間　⑥

シール

月　日

とく点

点　合かく80点

1 みさとさんは　1日の　生活の　いろいろな時こくを　書いて　みました。（100点）1つ20

- 朝　おきたのは　［ア］6時でした。
- 学校に　ついた　時こくは　［ア］8時でした。
- ［イ］1時に　きゅう食を　食べおえ，そうじを30［ウ］　しました。
- ［イ］3時に　家に　帰りました。
- ［イ］8時に　ねました。

❶ ［ア］と　［イ］に　あてはまるのは，午前，午後の　どちらですか。

［ア］[　　　　　　]　［イ］[　　　　　　]

❷ ［ウ］に　あてはまる，時間の　たんいを　書きましょう。　[　　　　　　]

❸ みさとさんが　おきてから　学校に　つくまでに何時間　かかりましたか。　[　　　　　　]

❹ みさとさんは　何時間　おきて　いましたか。

[　　　　　　]

答えは90ページ

LESSON 37

たし算の　ひっ算 ⑤

シール

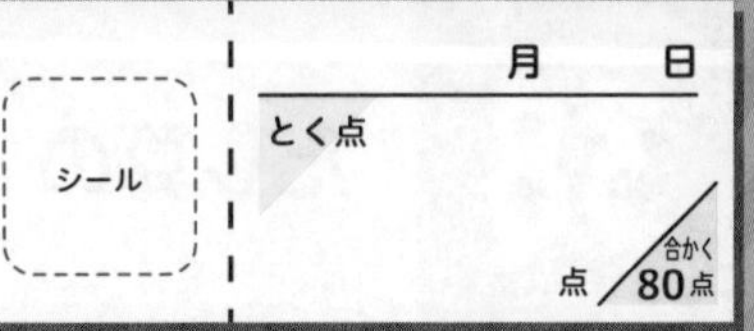

1 81+65 の　ひっ算は，つぎのように　します。□に　ことばや　数を　書きましょう。（40点）1つ10

❶ たてに　□　を　そろえて　書きます。

❷ □のくらいを　計算します。

1+5=6

❸ □のくらいを　計算します。

8+6=14

百のくらいに　1　くり上げます。

❹ 答えは　□　です。

```
  8 1
+ 6 5
-----
```

⇩

```
  8 1
+ 6 5
-----
1 4 6
```

2 ひっ算で　しましょう。（60点）1つ15

❶ 45+73　　❷ 92+34

❸ 51+83　　❹ 26+80

答えは91ページ

LESSON 38

たし算の　ひっ算 ⑥

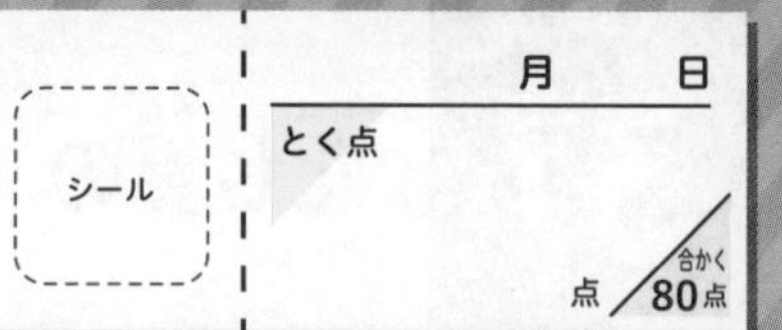

1 計算を　しましょう。（80点）1つ10

❶ $\begin{array}{r} 94 \\ +\ \ 6 \\ \hline \end{array}$　❷ $\begin{array}{r} 66 \\ +79 \\ \hline \end{array}$　❸ $\begin{array}{r} 49 \\ +82 \\ \hline \end{array}$

❹ $\begin{array}{r} 35 \\ +95 \\ \hline \end{array}$　❺ $\begin{array}{r} 57 \\ +45 \\ \hline \end{array}$　❻ $\begin{array}{r} 88 \\ +17 \\ \hline \end{array}$

❼ $\begin{array}{r} 59 \\ +62 \\ \hline \end{array}$　❽ $\begin{array}{r} 77 \\ +54 \\ \hline \end{array}$

2 たけるさんの　クラスでは，きのうまでに 48羽　つるを　おりました。今日　59羽 おりました。ぜんぶで　何羽　できましたか。

（しき10点・答え10点）

（しき）

[　　　　]

答えは91ページ

LESSON 39 たし算の ひっ算 ⑦

シール

月 日

とく点

点 合かく 80点

1 計算を しましょう。(60点) 1つ10

❶
$$\begin{array}{r} 26 \\ 32 \\ +\ 58 \\ \hline \end{array}$$

❷
$$\begin{array}{r} 23 \\ 64 \\ +\ 48 \\ \hline \end{array}$$

❸
$$\begin{array}{r} 44 \\ 68 \\ +\ 37 \\ \hline \end{array}$$

❹
$$\begin{array}{r} 82 \\ 15 \\ +\ 46 \\ \hline \end{array}$$

❺
$$\begin{array}{r} 93 \\ 7 \\ +\ 29 \\ \hline \end{array}$$

❻
$$\begin{array}{r} 76 \\ 41 \\ +\ 11 \\ \hline \end{array}$$

2 けんごさんは，本を 月曜日に 23ページ，火曜日に 55ページ，水曜日に 46ページ 読みました。あわせて 何ページ 読みましたか。(しき20点・答え20点)

(しき)

[　　　　　　]

答えは91ページ ☞

LESSON 40

たし算の　ひっ算 ⑧

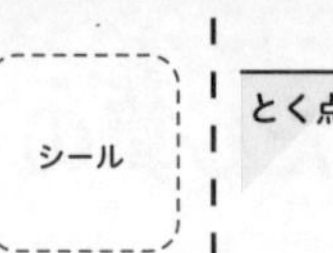

月　日

とく点

点　合かく 80点

1 421+29 の　ひっ算を　しましたが，まちがって　いると　いわれました。

❶ まちがいを　見つけて　なおしましょう。（20点）

（正しい計算）

$$\begin{array}{r} 421 \\ +\ \ 29 \\ \hline 440 \end{array}$$ ⇨

❷ たされる数と　たす数を入れかえて，この　ひっ算の　たしかめを　しましょう。（20点）

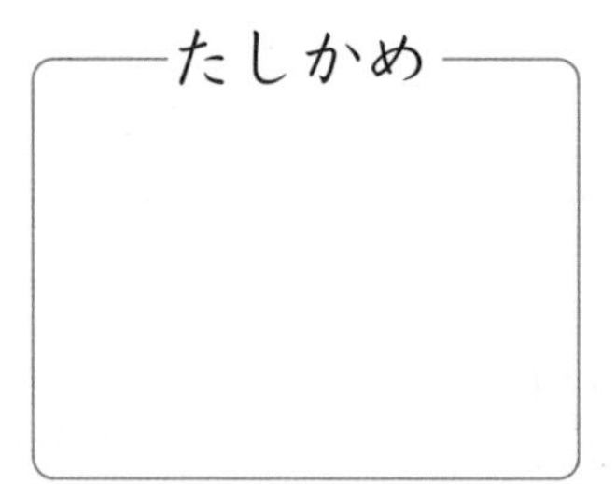

2 計算を　しましょう。（60点）1つ20

❶ $\begin{array}{r} 351 \\ +\ \ 34 \\ \hline \end{array}$　❷ $\begin{array}{r} 45 \\ +127 \\ \hline \end{array}$　❸ $\begin{array}{r} 704 \\ +\ \ 56 \\ \hline \end{array}$

答えは91ページ

LESSON 41

ひき算(ざん)の ひっ算(さん) ⑤

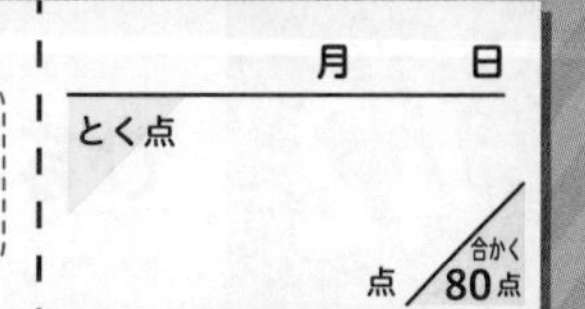

1 お金を お兄(にい)さんは 157円，わたしは 84円 もって います。ちがいは 何円(なんえん)ですか。つぎのように 考(かんが)えました。（40点(てん)）□1つ8

157−84 を ひっ算の しきに 書(か)くと，右のように なります。

```
  157
−  84
─────
```

❶ 一のくらいは □−4で 3

❷ 十のくらいは 5−8で ひけないので，

□のくらいから 1 くり下げて

□−8で □と なります。

百のくらいは 0なので 書きません。

❸ 答(こた)えは □円です。

2 計算(けいさん)を しましょう。（60点）1つ20

❶
```
  138
−  43
─────
```

❷
```
  139
−  65
─────
```

❸
```
  128
−  58
─────
```


答えは91ページ ☞

LESSON 42

ひき算の　ひっ算 ⑥

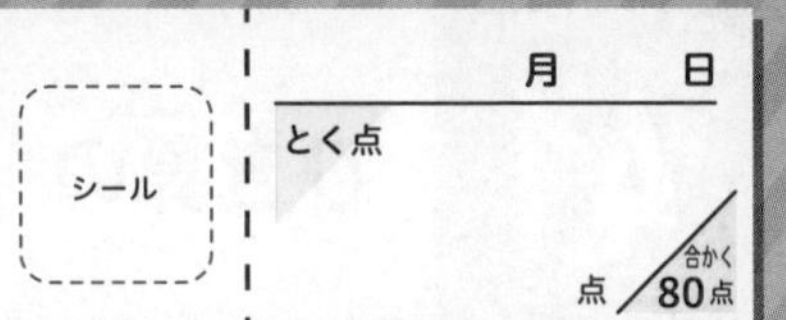

1 計算を　しましょう。（60点）1つ10

❶ $\begin{array}{r} 131 \\ -\ 53 \\ \hline \end{array}$　❷ $\begin{array}{r} 134 \\ -\ 75 \\ \hline \end{array}$　❸ $\begin{array}{r} 151 \\ -\ 68 \\ \hline \end{array}$

❹ $\begin{array}{r} 172 \\ -\ 96 \\ \hline \end{array}$　❺ $\begin{array}{r} 123 \\ -\ 54 \\ \hline \end{array}$　❻ $\begin{array}{r} 180 \\ -\ 94 \\ \hline \end{array}$

2 計算を　しましょう。右のように　答えの　たしかめも　しましょう。（40点）1つ20

$\begin{array}{r} 114 \\ -\ 76 \\ \hline 38 \end{array}$

⇩

たしかめ

$\begin{array}{r} 38 \\ +76 \\ \hline 114 \end{array}$

❶ $\begin{array}{r} 145 \\ -\ 67 \\ \hline \end{array}$　❷ $\begin{array}{r} 161 \\ -\ 78 \\ \hline \end{array}$

たしかめ

たしかめ

答えは91ページ ☞

LESSON

43 ひき算のひっ算 ⑦

シール

月 日

とく点

点 合かく 80点

1 102−56の ひっ算は，つぎのように します。□に ことばや 数を 書きましょう。

（60点）1つ15

❶ たてに □ を そろえて 書きます。

```
  102
−  56
```

❷ 一のくらいを 計算します。

百のくらいから 1 くり下げて，

十のくらいを □ に します。

十のくらいから 1 くり下げて，

12−6＝6

```
  9
  10
  1̸0̸2
−  56
   46
```

❸ 十のくらいを 計算します。

❹ 答えは □ です。

百のくらいから じゅんに くり下げよう。

2 ひっ算で しましょう。（40点）1つ20

❶ 106−48　　❷ 100−21

答えは91ページ ☞

LESSON 44

ひき算の　ひっ算 ⑧

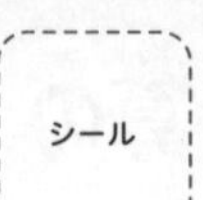

月　日

とく点　　点　合かく80点

1 計算を　しましょう。（60点）1つ10

❶
$$\begin{array}{r} 495 \\ -\ \ 62 \\ \hline \end{array}$$

❷
$$\begin{array}{r} 578 \\ -\ \ 91 \\ \hline \end{array}$$

❸
$$\begin{array}{r} 243 \\ -\ \ 78 \\ \hline \end{array}$$

❹
$$\begin{array}{r} 356 \\ -\ \ 19 \\ \hline \end{array}$$

❺
$$\begin{array}{r} 612 \\ -\ \ \ \ 4 \\ \hline \end{array}$$

❻
$$\begin{array}{r} 574 \\ -\ \ 68 \\ \hline \end{array}$$

2 おり紙が　165まい　ありました。今日46まい　つかいました。のこりは　何まいですか。（しき20点・答え20点）

（しき）

［　　　　］

答えは91ページ

LESSON 45

計算の　じゅんじょ ①

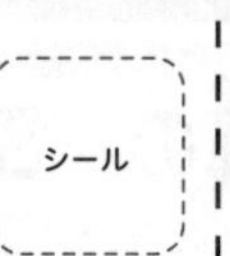

月　日

とく点

点 / 合かく 80点

1 計算を　しましょう。（60点）1つ15

❶ 16+(8+2)

❷ 25+(10+30)

❸ 18+(23+27)

❹ 55+(32+13)

2 35円の　クリップと　47円の　クッキーと　33円の　チョコレートを　買いました。だい金は　いくらですか。（40点）1つ20

❶ じゅんに　たして　もとめましょう。

（しき）　□ ＋ □ ＋ □ ＝ □

[　　　　]

❷ おかしを　まとめて　たして　もとめましょう。

（しき）　□ ＋(□ ＋ □)＝ □

[　　　　]

答えは92ページ ☞

LESSON 46

計算の　じゅんじょ ②

シール

月　日

とく点

点 ／ 合かく 80点

1 くふうして　計算しましょう。（100点）1つ10

❶ 13+5+5

❷ 17+3+8

❸ 4+7+16

❹ 9+12+8

❺ 55+17+5

❻ 16+4+53

❼ 3+55+5

❽ 12+7+18

❾ 58+42+25

❿ 89+13+27

答えは92ページ ☞

LESSON 47

たし算や　ひき算の　もんだい ③

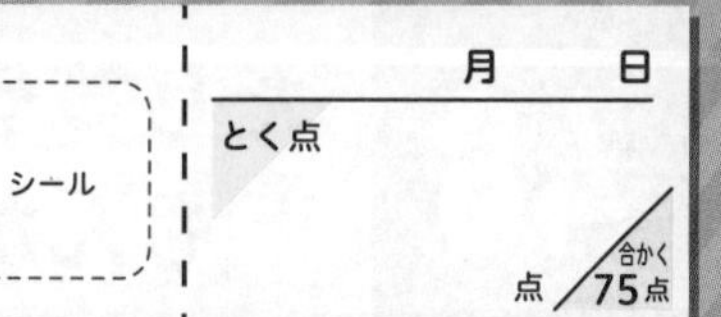

1 バスに　37人　のって　います。バスていで　19人が　おりて，26人が　のって　きました。いま　バスに　何人　のって　いますか。（50点）1つ25

❶ もんだいの　じゅんに　計算すると，

37−□＋□＝□

❷ 何人　ふえたかで　計算すると，

□−□＝7　37＋□＝□

2 カードを　25まい　もって　いました。新しく　17まい　もらいました。古い　カードを　8まい　すてました。いま　何まい　もって　いますか。（50点）1つ25

❶ もんだいの　じゅんに　計算すると，

25□17−□＝□

❷ 何まい　ふえたかで　計算すると，

17□8＝□　25＋□＝□

答えは92ページ ☞

LESSON 48

たし算や　ひき算の　もんだい ④

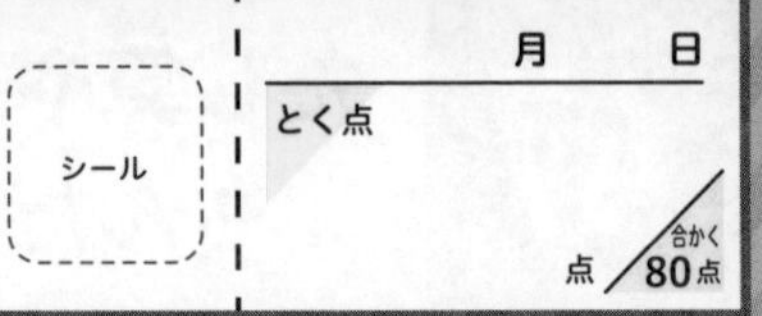

1 もんだいに　答えましょう。

❶ シールを　43まい　もって　いました。友だちに　何まいか　あげたので　28まいに　なりました。友だちに　あげたのは　何まいですか。（しき20点・答え10点）

（しき）

［　　　　］

❷ りんごの　木に　りんごが　何こか　なって　いました。16こ　とったので　34こに　なりました。はじめ　りんごは　何こ　なって　いましたか。（しき20点・答え10点）

（しき）

［　　　　］

2 68円の　えんぴつを　買うと，のこりの　お金は　57円に　なりました。はじめに　何円　もって　いましたか。（しき20点・答え20点）

（しき）

［　　　　］

答えは92ページ ☞

LESSON 49

三角形と　四角形 ①

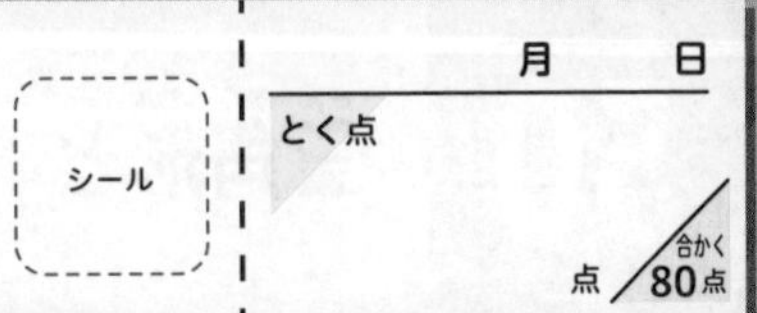

1 つぎの　形を　何と　いいますか。（40点）1つ20

❶ 3本の　直線で　かこまれた　形

[　　　　　　]

❷ 4本の　直線で　かこまれた　形

[　　　　　　]

2 三角形と　四角形を　ぜんぶ　見つけ，記ごうで　答えましょう。（60点）1つ30

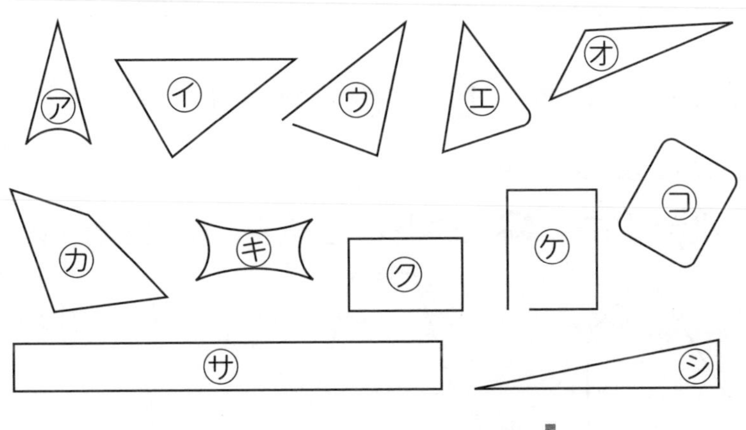

三角形 [　　　　　　]

四角形 [　　　　　　]

答えは92ページ

三角形と　四角形 ②

シール

月　日

とく点

点 / 合かく 80点

1 □に　あてはまる　ことばを　書きましょう。

（40点）1つ20

三角形や　四角形で　直線の　ところを　□　といい，

かどの　点を　□　と　いいます。

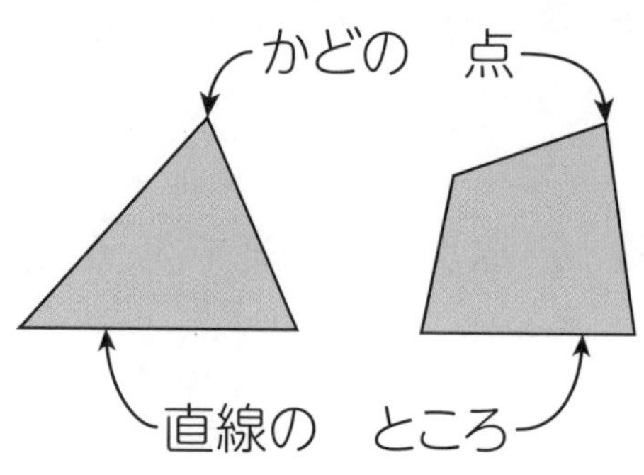

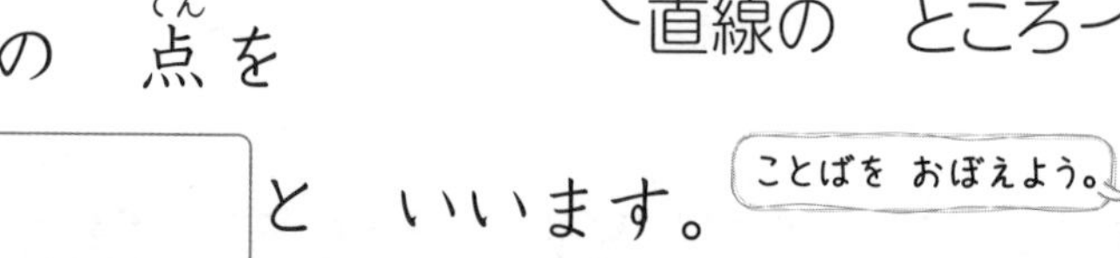

2 直線を　１本　ひいて，つぎの　形を　つくりましょう。（60点）1つ20

❶ 三角形を ２つ　❷ 三角形と 四角形　❸ 四角形を ２つ

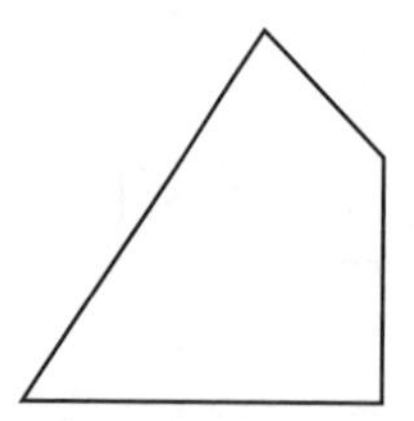

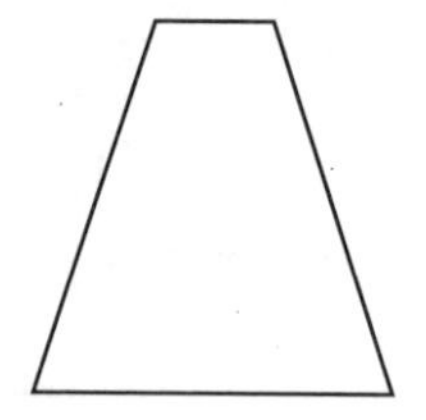

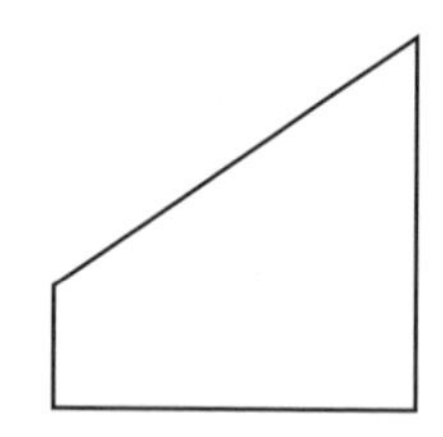

答えは92ページ

LESSON 51

長方形・正方形・直角三角形 ①

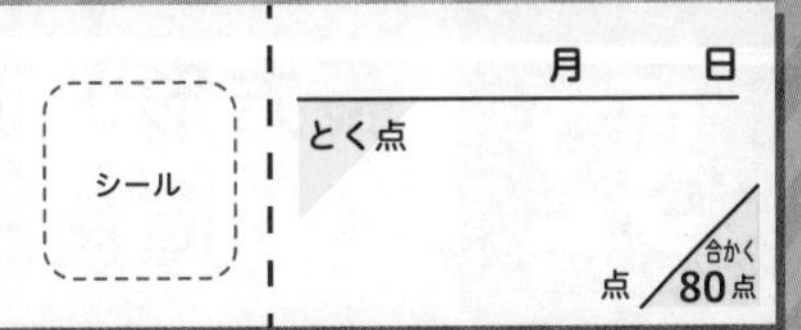

1 □に ことばや 数を 書きましょう。

（100点）1つ20

❶ 右のように，紙を 2回 おって できる かどの 形を □ と いいます。

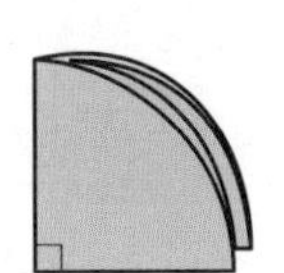

❷ かどが みんな 直角の 四角形を □ と いいます。

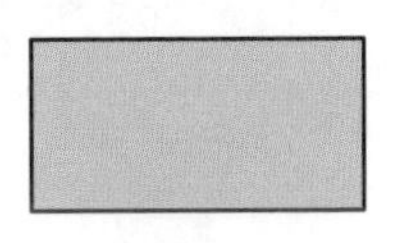

❸ かどが みんな 直角で，へんの 長さが みんな 同じ 四角形を □ と いいます。

❹ 1つの かどが 直角の 三角形を □ と いいます。

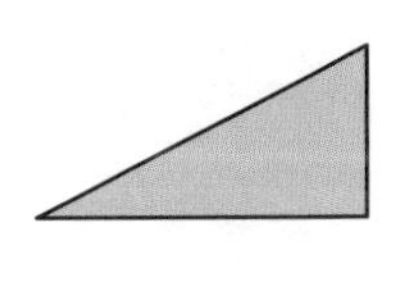

❺ 三角形に ちょう点は □つ あります。

答えは93ページ ☞

LESSON 52

長方形・正方形・直角三角形 ②

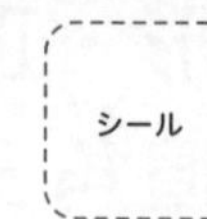

月　日

とく点

点　合かく 70点

1 長方形，正方形，直角三角形を　見つけ，記ごうで　答えましょう。（90点）1つ30

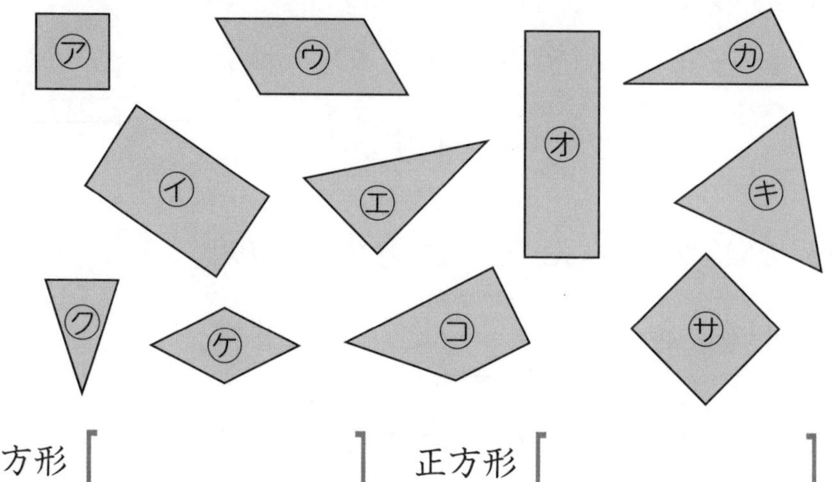

長方形［　　　　　　］　正方形［　　　　　　］

直角三角形［　　　　　　］

2 つぎの　㋐，㋑，㋒の　うち，長方形に　あてはまる　ものは　どれですか。（10点）

㋐ むかい合って　いる　へんの　長さが　同じ

㋑ ４つの　かどが　みんな　直角に　なって　いる

㋒ ４つの　へんの　長さが　みんな　同じ

［　　　　］

答えは93ページ

長方形・正方形・直角三角形 ③

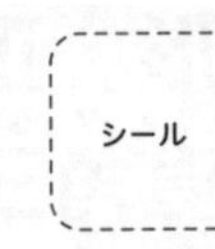

月　日

とく点

点　合かく 75点

1 つぎの 形を 方がん紙に かきましょう。

（75点）1つ25

❶ たて 3cm，よこ 4cmの 長方形

❷ 1つの へんの 長さが 2cmの 正方形

❸ 2cmの へんと 4cmの へんの 間に，直角の かどが ある 直角三角形

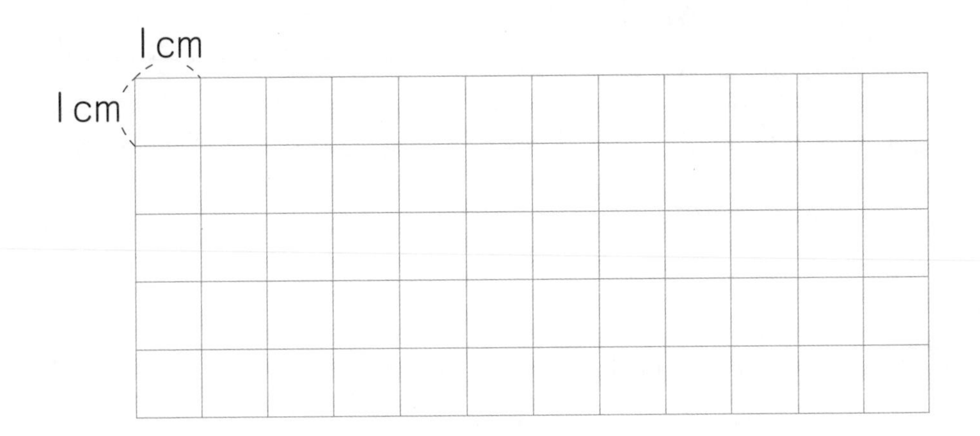

2 **1**で かいた 長方形の まわりの 長さは 何cmですか。（25点）

[　　　　　]

答えは93ページ ☞

LESSON 54

長方形・正方形・直角三角形 ④

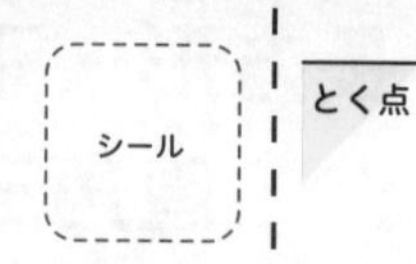

月　日

とく点

点　合かく 75点

1 下の　四角形は　たての　長さが　3 cm，よこの　長さが　5 cm の　長方形です。(50点) 1つ25

❶ この　長方形に　1本　線を　ひいて，正方形と　長方形に　分けて　みましょう。

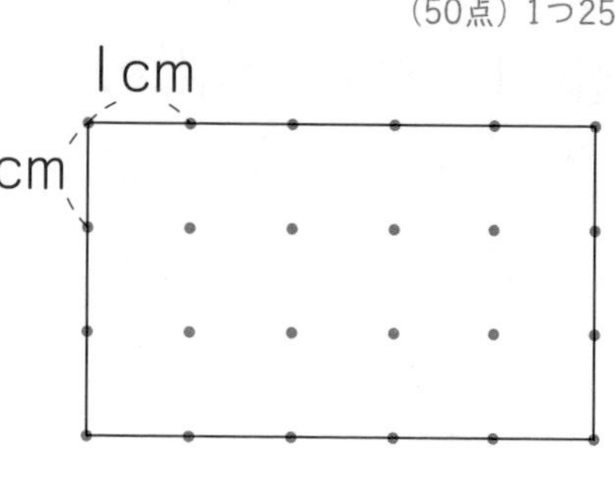

❷ 分けられた　長方形の　よこの　長さは　何 cm ですか。

[　　　　]

2 もようの　中に　かくれている　つぎの　形は　何こ　ありますか。(50点) 1つ25

❶ 正方形

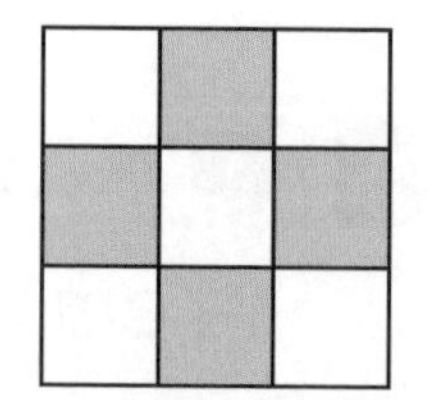

[　　　　]

❷ 直角三角形

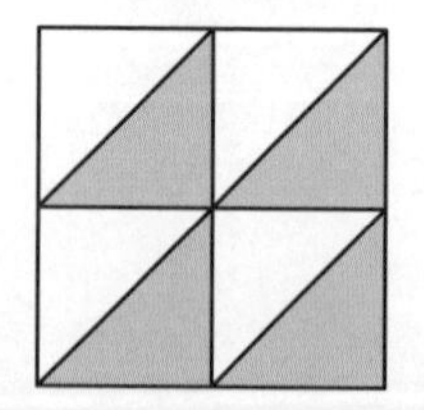

[　　　　]

答えは93ページ

LESSON 55 かけ算の　しき ①

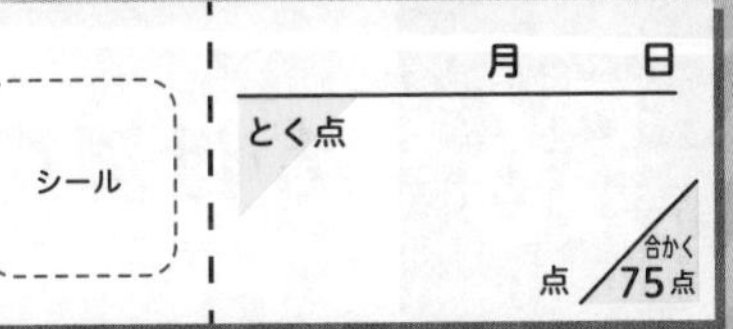

1 右の　絵を　見て　答えましょう。（75点）□1つ15

㋐ 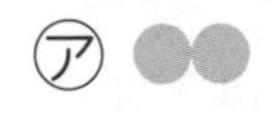

㋑ 

㋒ ●● ●● ●●

❶ ㋑は　㋐の　□つ分

❷ ㋒は　㋐の　□つ分

❸ 2の　2つ分の　ことを　2の 

と　いい，2 □ 2と　書きます。このような　計算を 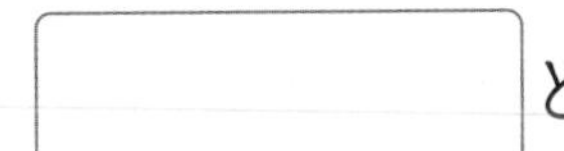 と　いいます。

2 あめが　5こずつ　のった　さらが　2まい　あります。あめは，ぜんぶで　何こですか。かけ算の　しきに　書いて　答えましょう。

（しき15点・答え10点）

（しき）

［　　　　］

答えは93ページ ☞

LESSON 56

かけ算の　しき ②

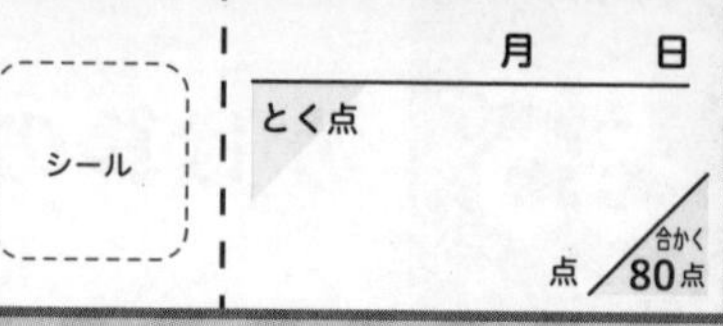

1 つぎの　長さに　なるように，テープに　色を　ぬりましょう。また，かけ算の　しきに　書いて，その　長さを　答えましょう。

（100点）色ぬり20・しき20・答え10

❶ 2 cm の　3 ばい

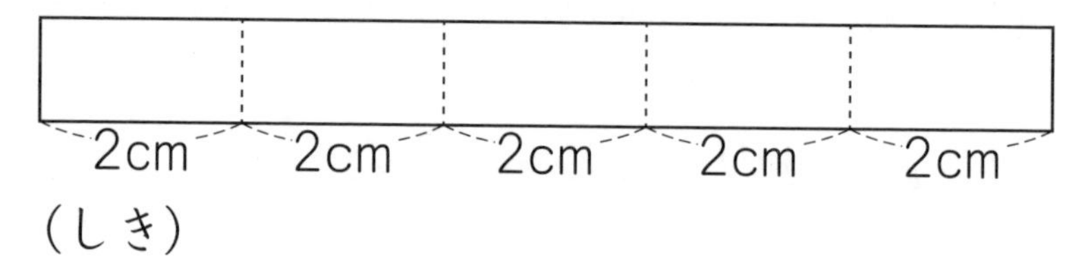

（しき）

[　　　　　]

❷ 1 cm の　7 ばい

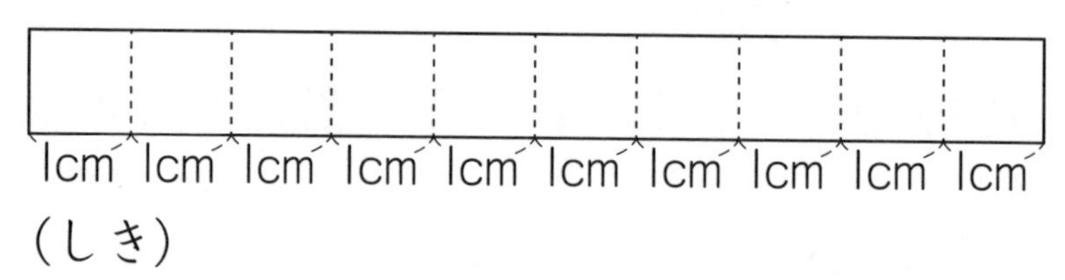

（しき）

[　　　　　]

答えは93ページ

LESSON 57

5, 2のだんの　九九 ①

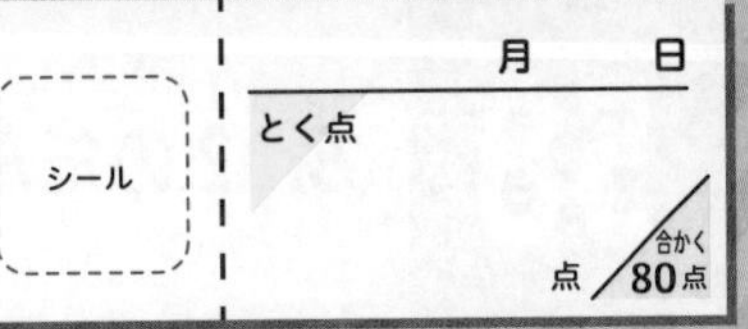

1 だんごが　くしに　5こ　ずつ　さして　あります。

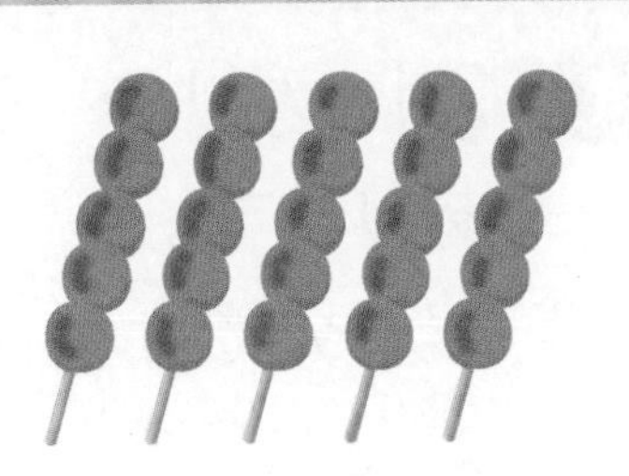

❶ 3本分(ぶん)では　何(なん)こに　なりますか。（しき10点(てん)・答(こた)え10点）

（しき）

[　　　　　]

❷ 5本分では　何こに　なりますか。（しき10点・答え10点）

（しき）

[　　　　　]

❸ 5この　5本分は　九九で　いうと，

□ と　いいます。（20点）

2 □に　数(かず)を　書(か)きましょう。（40点）1つ20

❶ 5の　8ばいは　□×□＝□

❷ 5の　8ばいを　九九で　いうと，

□ と　いいます。

答えは93ページ ☞

LESSON 58

5，2のだんの　九九 ②

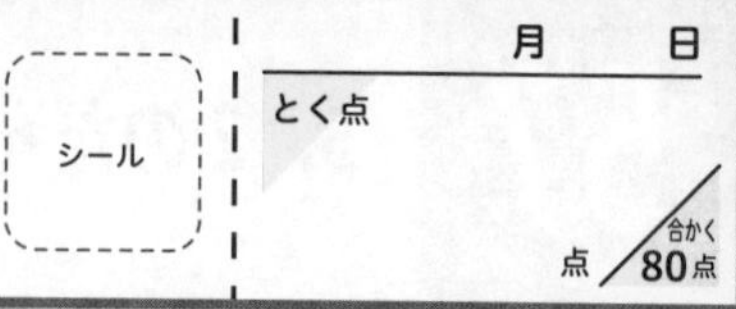

1 2L入りの　ジュースが　あります。

❶ 4本分では　何Lですか。（しき10点・答え10点）

（しき）

［　　　　］

❷ 9本分では　何Lですか。（しき10点・答え10点）

（しき）

［　　　　］

❸ 2Lの　6本分は　九九で　いうと，

□と　いいます。（20点）

2 □に　数を　書きましょう。（40点）1つ20

❶ 2の　7ばいは　□×□＝□

❷ 2の　8ばいを　九九で　いうと，

□と　いいます。

答えは93ページ

LESSON 59

3，4のだんの　九九 ①

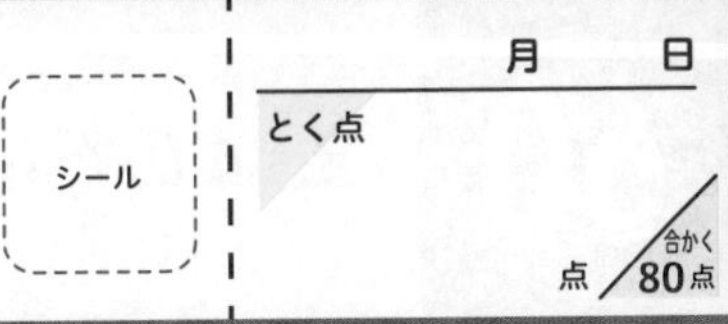

1 かけ算の　しきを　書きましょう。（40点）1つ20

❶ ❷

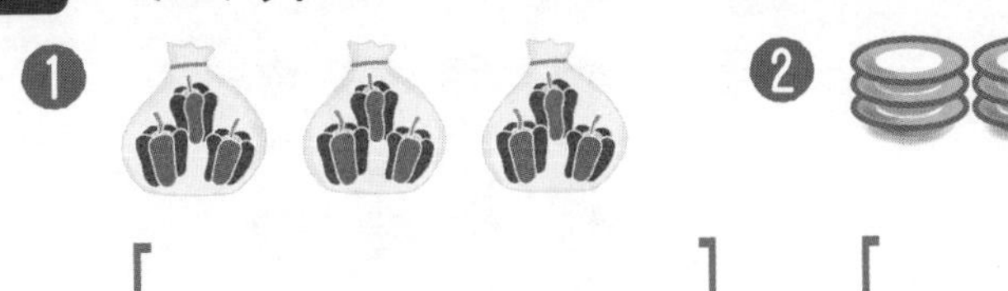

[　　　　　　　]　[　　　　　　　]

2 [　]に　九九を，□に　答えを　書きましょう。（60点）1つ20

❶ 1はこに　3こ入りの　ケーキ　6はこ分では　何こですか。

[　　　　　　　]　□こ

❷ ゆう園地の　のりものの　1つの　はこに，3人ずつ　のります。

7つの　はこに　のれるのは　みんなで　何人ですか。

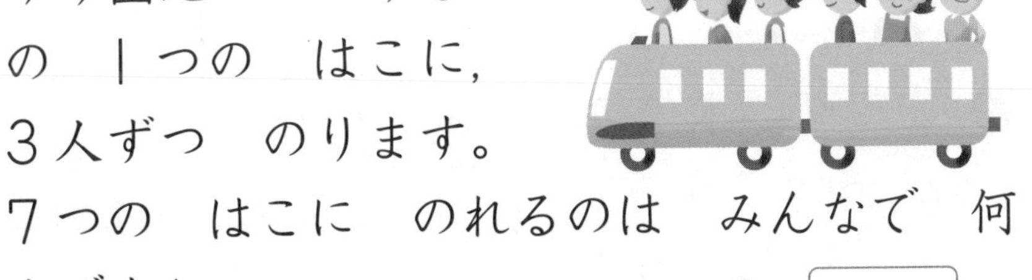

[　　　　　　　]　□人

❸ 3+3+3+3+3+3+3+3+3 は

[　　　　　　　]　□

答えは93ページ ☞

LESSON 60

3，4のだんの　九九 ②

シール

月　日

とく点

点　合かく 80点

1 かけ算(ざん)の　しきを　書(か)きましょう。（40点(てん)）1つ20

❶

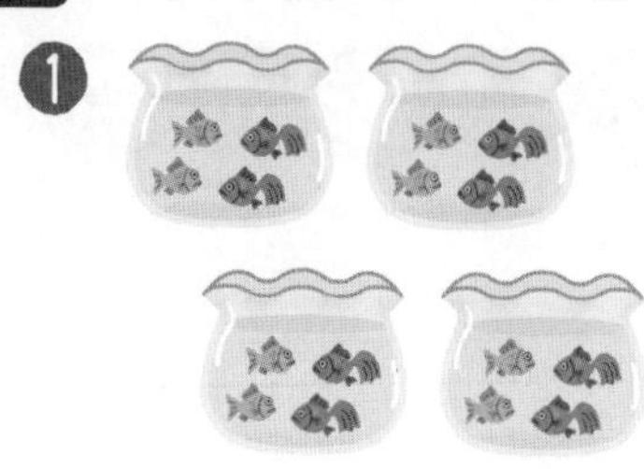

［　　　　　］

❷

［　　　　　］

2 ［　］に　九九を，□に　答(こた)えを　書きましょう。（60点）1つ30

❶ えんぴつを　4本ずつ　6人に　くばります。えんぴつは　何本(なんぼん)　ひつようですか。

［　　　　　］ □本

❷ よこの　長(なが)さが　4cmの　テープを　8本　つなぎます。テープの　長さは　ぜんぶで　何cmに　なりますか。

4cm　4cm　8本

［　　　　　］ □cm

答えは94ページ

LESSON 61

6, 7のだんの　九九 ①

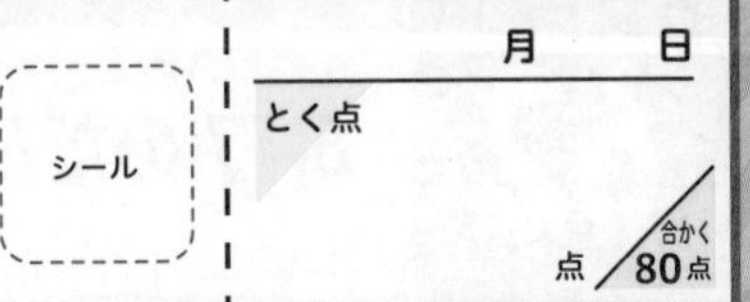

1 さら　5まいに　あめが　6つずつ　のせて　あります。あめは　ぜんぶで　いくつ　あるか　考(かんが)えます。

（30点(てん)）□1つ10

❶ 6のだんの　九九を　つかうと，

［　　　　］と　なります。

❷ しきに　書(か)くと　6×5=30　と　なり，

6を［　　　　］数(かず)，

5を［　　　　］数と　いいます。

2 九九の　つづきを［　］に　書きましょう。

（70点）1つ14

❶ 六二(ろくに)［　　］

❷ 七四(しちし)［　　］

❸ 七七(しちしち)［　　］

❹ 六七(ろくしち)［　　］

❺ 六九(ろっく)［　　］

答えは94ページ

LESSON 62

6，7のだんの　九九 ②

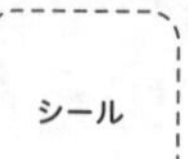

月　日

とく点

点　合かく 80点

1 [　]に　九九を，□に　答え(こた)を　書き(か)ましょう。（40点(てん)）1つ20

❶ 右のように　プリンが　6こ　入った　はこが　8つ　あります。プリンは　ぜんぶで　何(なん)こ　ありますか。

[　　　　]　□こ

❷ 1週間(しゅうかん)は　7日です。5週間は　何日ですか。

[　　　　]　□日

2 □に　数(かず)を　書きましょう。（60点）1つ20

❶ 6×4＝4×6＝□

6×4と 4×6の 答えは 同じ(おな)だね。

❷ 6×7 は，6×6 より　□　大きい。

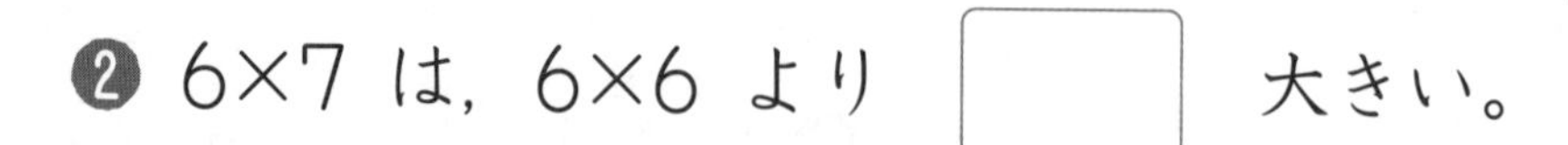

❸ 7×9 は，7×□　より　7　大きい。

答えは94ページ ☞

LESSON 63

8, 9のだんの 九九 ①

シール

月 日

とく点 点 合かく 80点

1 □に 数(かず)を 書(か)きましょう。(30点(てん)) 1つ10

❶ 8×7=56 です。

8×8=□ で, 8×7より □ 大きい。

❷ 9×5=45 です。

9×7=□ で, 9×5より □ 大きい。

❸ 1日に 8ページずつ 本を 読(よ)む ことにしました。9日間(かん)で □ページ 読むことが できます。

2 九九の つづきを [ ]に 書きましょう。(70点) 1つ10

❶ 八五(はちご) [ ]
❷ 九一(くいち)が [ ]
❸ 八八(はっぱ) [ ]
❹ 九七(くしち) [ ]
❺ 九四(くし) [ ]
❻ 八六(はちろく) [ ]
❼ 九八(くは) [ ]

答えは94ページ ☞

LESSON 64

8，9のだんの　九九 ②

月　日

とく点　　点　合かく 80点

1 ［　］に　九九を，□に　答え（こた）を　書き（か）ましょう。（40点（てん））1つ20

❶ やきゅうは　1チーム　9人で　する　スポーツです。6チームで　やきゅうの　しあいを　します。ぜんぶで　何人（なんにん）　いますか。

［　　　　　］□人

❷ 8Lの　水を　ためる　ことが　できる　タンクが　あります。この　タンクが　3つ　あります。何Lの　水を　ためる　ことが　できますか。

［　　　　　］□L

2 計算（けいさん）を　しましょう。（60点）1つ10

❶ 8×2　　❷ 9×5　　❸ 9×3

❹ 8×1　　❺ 8×4　　❻ 9×9

答えは94ページ ☞

1のだんの　九九

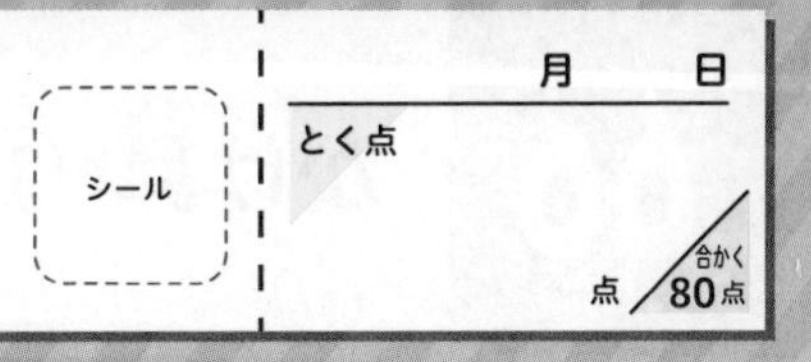

1 □に　ことばや　数を　書きましょう。

（80点）□1つ20

❶ 1×1=1，1×8=□，1×9=□

❷ 1のだんでは，かける数と　答えが　□　数に　なります。

❸ 1のだんでは，かける数が　1ふえると，答えは　□　だけ　ふえます。

2 おさらの　上に　ドーナツ　1こと　クッキー　3こが　あります。この　おさらを　6まい　よういします。ドーナツは　ぜんぶで　何こ　ありますか。

（20点）

（九九）

［　　　　］

答えは94ページ ☞

LESSON 66

かけ算 ①

シール

月　日

とく点

点　合かく 80点

1 □に　あてはまる　ことばや　数を　書きましょう。（40点）□1つ20

㋐の　テープの　3ばいの　長さの　テープは □ で，㋒の　テープの　長さは，㋑の　テープの □ ばい　です。

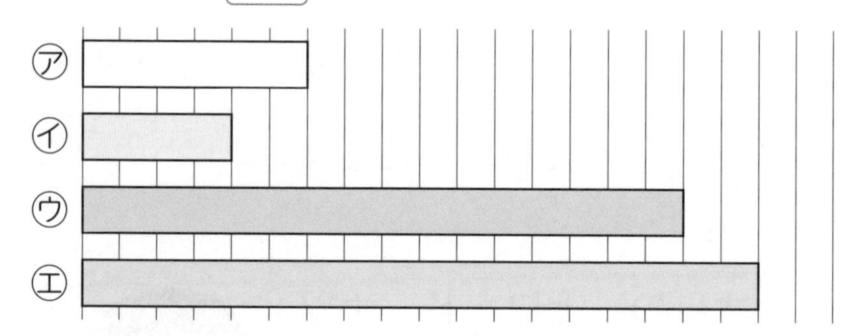

2 計算を　しましょう。（60点）1つ5

❶ 7×3　❷ 3×6　❸ 8×5

❹ 1×6　❺ 9×9　❻ 2×7

❼ 7×4　❽ 6×6　❾ 5×8

❿ 9×2　⓫ 8×7　⓬ 4×1

答えは94ページ ☞

LESSON 67

かけ算 ②

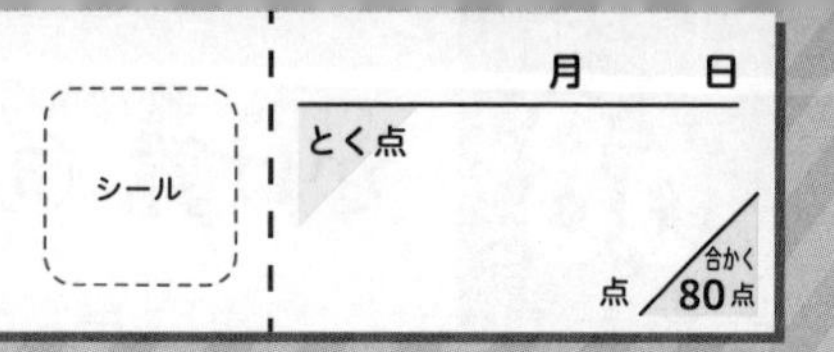

1 計算を　しましょう。（50点）1つ5

❶ 4×9　❷ 8×2　❸ 6×5

❹ 7×6　❺ 2×6　❻ 9×8

❼ 5×3　❽ 3×8　❾ 1×9

❿ 7×7

2 □に　あてはまる　数を　書きましょう。

（50点）1つ10

❶ 6×□＝42　❷ 4×□＝16

❸ 8×□＝72　❹ 3×□＝15

❺ 7×□＝21

答えは94ページ

LESSON 68

かけ算 ③

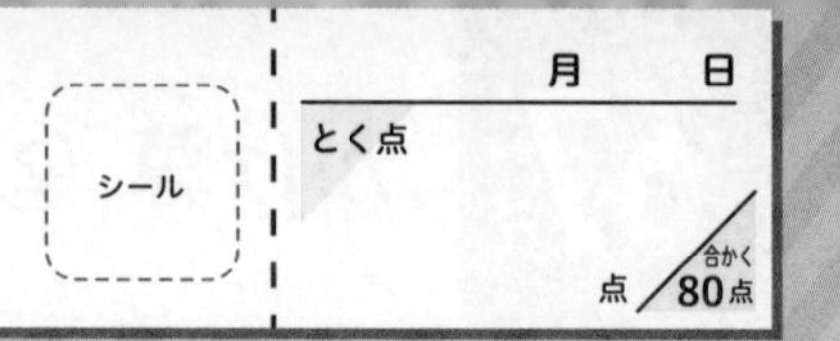

1 計算を しましょう。 (50点) 1つ5

❶ 3×2 ❷ 6×4 ❸ 5×7

❹ 8×1 ❺ 2×2 ❻ 7×8

❼ 1×7 ❽ 9×4 ❾ 3×7

❿ 4×5

2 □に あてはまる 数を 書きましょう。

(50点) 1つ10

❶ $\square\times6=12$ ❷ $\square\times4=4$

❸ $\square\times8=40$ ❹ $\square\times9=54$

❺ $\square\times1=6$

答えは94ページ ☞

九九の　ひょうと　きまり ①

シール

月　日

とく点

点 / 合かく 80点

1 九九の　ひょうです。❶～⓮の　ところに　数(かず)を　書(か)きましょう。（70点(てん)）1つ5

		かける数								
		1	2	3	4	5	6	7	8	9
かけられる数	1				4	❶				
	2			❷	8			❸		
	3				12					
	4	❹			16				❺	
	5	5	10	15	20	25	30	35	40	45
	6				24		❻		❼	
	7		❽		28					
	8			❾	32			❿		⓫
	9	⓬			36		⓭		⓮	

2 □に　数や　ことばを　書きましょう。

（30点）□1つ10

❶ 7×6=□×7

❷ 上の　かけ算(ざん)の　計算(けいさん)から，かけ算では　□数と　かけられる数を　入れかえても　答(こた)えは　□です。

答えは94ページ ☞

LESSON 70

九九の　ひょうと　きまり ②

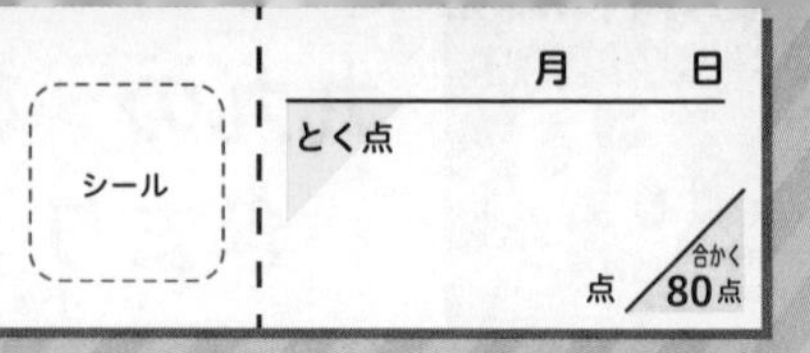

1 つぎの　かけ算と　同じ　答えに　なる　九九の　しきを，みんな　書きましょう。（40点）1つ20

❶ 6×2　[　　　　　　　　　　]

❷ 8×3　[　　　　　　　　　　]

2 答えが　つぎの　数に　なる　九九の　しきを，みんな　書きましょう。（40点）1つ20

❶ 16　[　　　　　　　　　　]

❷ 63　[　　　　　　　　　　]

3 九九の　ひょうを　見て，□に　あてはまる　数を　書きましょう。（20点）1つ10

❶ 3のだんと　5のだんを　たてに　たすと，□のだんと　同じに　なります。

❷ 4のだんと　□のだんを　たてに　たすと，9のだんと　同じに　なります。

答えは95ページ

LESSON 71

九九の　ひょうと　きまり ③

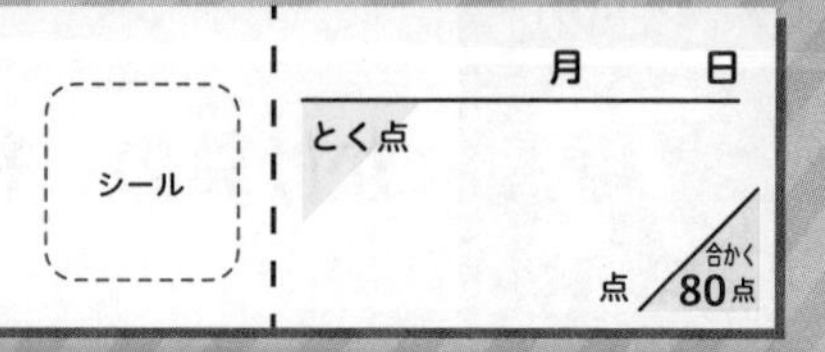

1 3×13の　計算(けいさん)の　しかたを　考(かんが)えます。□に　あてはまる数(かず)を　書(か)きましょう。（60点(てん)）1つ30

❶ ○○○○○○○○○○○○○
○○○○○○○○○○○○○
○○○○○○○○○○○○○

□＋□＋□＝□

❷ ○○○○○○○○○　○○○○
○○○○○○○○○　○○○○
○○○○○○○○○　○○○○

3×9＝□　3×□＝□

27＋□＝□

13を　9と　4に　分(わ)けて　計算して　いるよ。

2 計算を　しましょう。（40点）1つ10

❶ 3×10　　❷ 2×11

❸ 11×3　　❹ 12×2

答えは95ページ ☞

LESSON 72

かけ算の　もんだい ①

シール

月　日

とく点

点　合かく 80点

1 アルバムに　しゃしんを　はります。1ページに　6まいずつ　はります。9ページでは　何まい　はることが　できますか。（しき20点・答え10点）

（しき）

［　　　　］

2 1まい　7円の　色紙を　5まい，85円の　けしゴムを　1こ　買いました。あわせて　何円ですか。（しき20点・答え10点）

（しき）

［　　　　］

3 ゼリーの　はこが　4はこ　あります。1はこの　中には，ゼリーが　8こずつ　入っています。みんなで　ゼリーを　26こ　食べました。今　ゼリーは　何こ　ありますか。

（しき20点・答え20点）

（しき）

［　　　　］

答えは95ページ

LESSON 73

かけ算の　もんだい ②

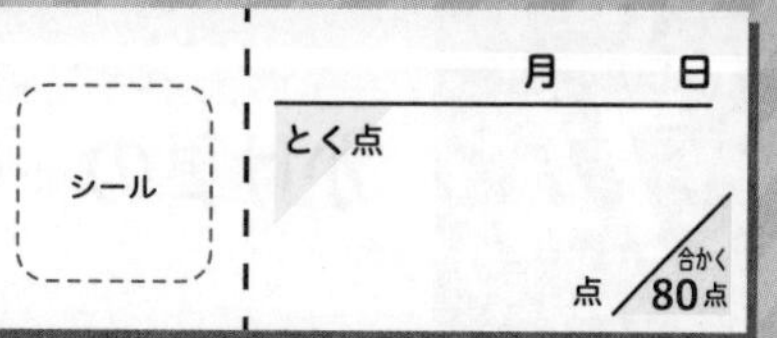

1 池の　まわりに，8ｍの　間を　あけて　木が　7本　うえて　あります。池の　まわりの　長さは　何ｍ　ありますか。（しき20点・答え10点）

（しき）

［　　　　　］

2 右のように，マッチぼうで　四角形と　三角形を　つくりました。同じ　ものを　4つずつ　つくると，マッチぼうは　ぜんぶで　何本　いりますか。（しき20点・答え10点）

（しき）

［　　　　　］

3 右のような　形が　あります。まわりの　長さを　くふうして　もとめましょう。（しき20点・答え20点）

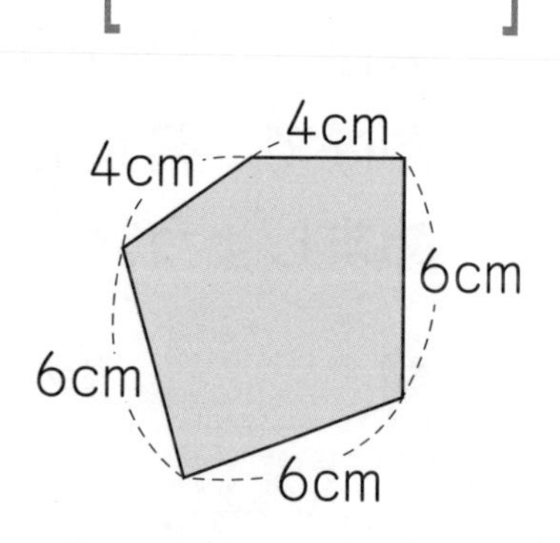

（しき）

［　　　　　］

答えは95ページ ☞

LESSON **74**

かけ算の　もんだい ③

シール

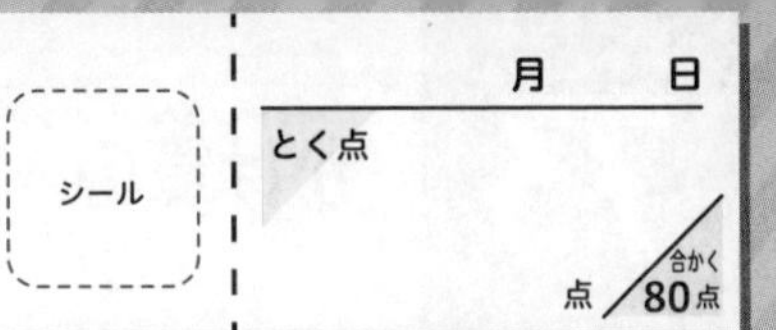

1 □に　数を　書きましょう。（20点）

2×6＝3×□＝□×3＝□×2

2 友だちが　７人　います。１人に　あめを　５こずつ　くばると，あめは　５こ　あまりました。あめは　はじめ　何こ　ありましたか。（しき20点・答え20点）

（しき）

[　　　　]

3 右の　図の　まん中の　数に　まわりの　数を　かけて　答えを　もとめましょう。（40点）1つ10

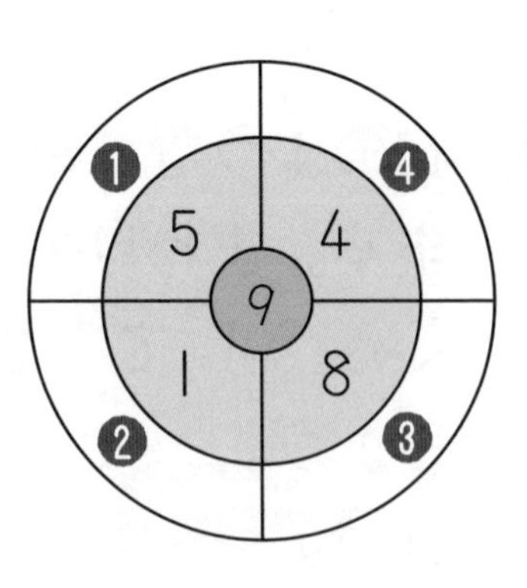

❶ 　❷ 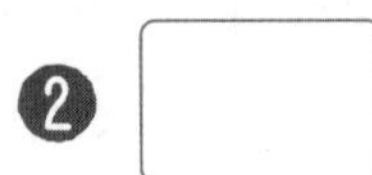

❸ 　❹ 

答えは95ページ

10000までの　数（かず）①

シール

月　日

とく点

点／合かく 80点

1 つぎの　数を　書（か）きましょう。（60点（てん））1つ15

❶

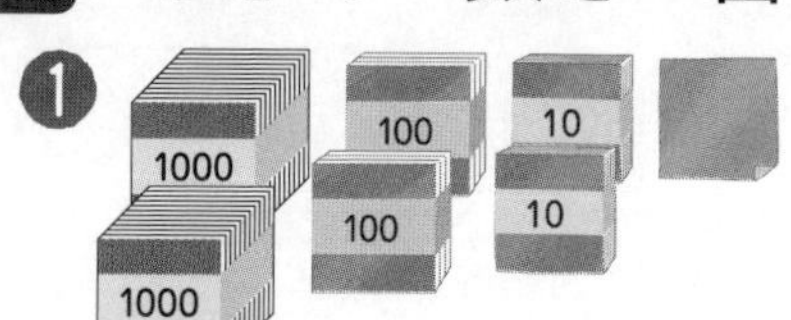

［　　　］まい

❷

5000

1000

［　　　］円

❸

千のくらい　百のくらい　十のくらい　一のくらい

［　　　］

❹

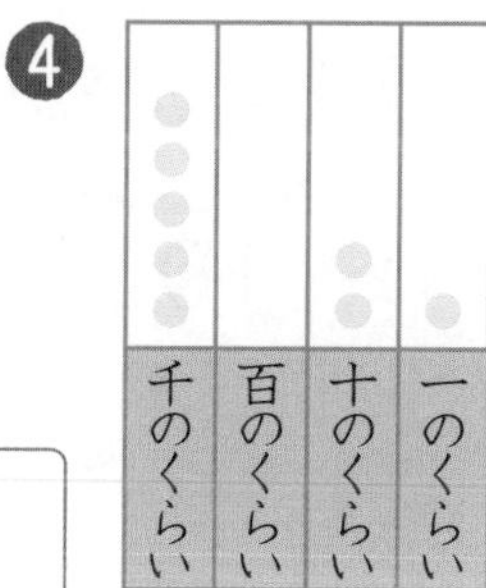

［　　　］

2 ❶，❷は　数を　かん字で，❸，❹は　かん字を　数字（すうじ）で　書きましょう。（40点）1つ10

❶ 2616　［　　　　　　］

❷ 8003　［　　　　　　］

❸ 七千八百九十七　［　　　　　　］

❹ 六千二十四　［　　　　　　］

答えは95ページ ☞

LESSON 76

10000までの 数(かず) ②

シール

月　日

とく点

点 / 合かく 80点

1 □に 数を 書(か)きましょう。(60点(てん)) 1つ15

❶ 100を 75こ あつめた 数は, □

❷ 3600は 100を □ こ あつめた 数

❸ 1000を 4こ, 100を 8こ, 10を 2こ, 1を 8こ あつめた 数は, □

❹ 10000は, 1000を 9こ, 100を □ こ あつめた数

2 □に あてはまる 数を 書きましょう。
(40点) 1つ10

❶ 3500—□—4500—□

❷ 5670—□—□—5700

❸ 8700—□—□—8400

❹ 9998—□—9996—□

答えは95ページ ☞

LESSON 77

10000までの 数（かず） ③

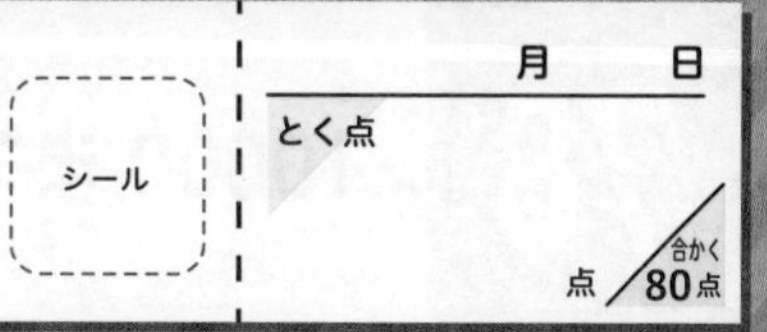

1 下の 数の線（せん）で ↑で しめした 数を，数字（すうじ）と かん字で 書（か）きましょう。（40点（てん））［ ］1つ5

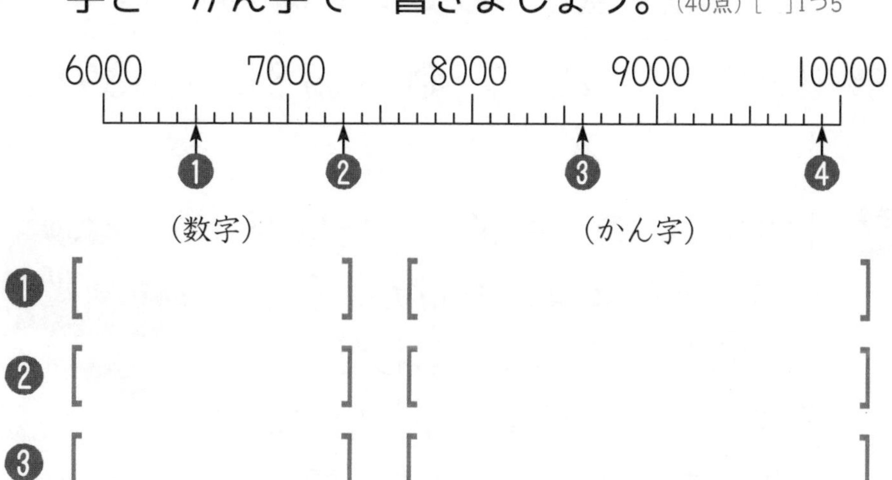

（数字）　（かん字）

❶ ［　　　　］［　　　　］

❷ ［　　　　］［　　　　］

❸ ［　　　　］［　　　　］

❹ ［　　　　］［　　　　］

2 つぎの 数を 答（こた）えましょう。（60点）1つ15

❶ 9700より 10 大きい 数［　　　　］

❷ 9700より 300 大きい 数［　　　　］

❸ 9998より 2 小さい 数［　　　　］

❹ 10000より 9000 小さい 数

［　　　　］

LESSON 78

10000までの 数（かず） ④

シール

月 日

とく点

点 合かく 80点

1 どちらが 大きいですか。□に あてはまる ＞，＜を 書（か）きましょう。（20点（てん））1つ10

❶ 3905 □ 4894　❷ 8998 □ 8898

2 100まいの 色紙（いろがみ）の たばが 4つ あります。たばが 8つ ふえると，色紙は あわせて 何（なん）まいに なりますか。つぎの □に あてはまる 数を 書きましょう。

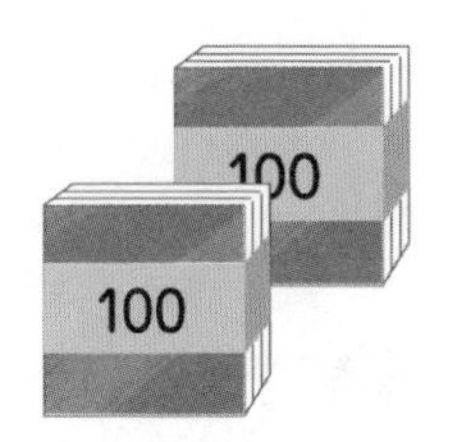

（20点）□1つ10

（考（かんが）え方（かた）） あわせると，100まいの たばが □ あるので，ぜんぶで □ まいに なります。

3 計算（けいさん）を しましょう。（60点）1つ15

❶ 900+600　❷ 3000+5000

❸ 1600−800　❹ 7000−2000

答えは96ページ ☞

LESSON 79

長さ ⑤

シール

月　日

とく点

点　合かく 80点

1 □に 数を 書きましょう。(60点) 1つ15

❶ 1 m=□cm

❷ 160 cm=□m□cm

❸ 1 m 35 cm=□cm

❹ 408 cm=□m□cm

2 としきさんの りょう手を 広げた 長さは，ちょうど 100 cm あります。(40点) 1つ20

❶ としきさんの りょう手を 広げた 長さの 3つ分は，何 m ですか。

[　　　　]

❷ 教室の 黒ばんの よこの 長さは，としきさんの りょう手を 広げた 長さの 3つ分と 45 cm ありました。黒ばんの よこの 長さは 何 m 何 cm ですか。

[　　　　]

答えは96ページ ☞

長さ ⑥

シール

月　日

とく点

点 ／ 合かく 80点

1 長さが　1 m 50 cm の　ひもが　2本　あります。（40点）1つ20

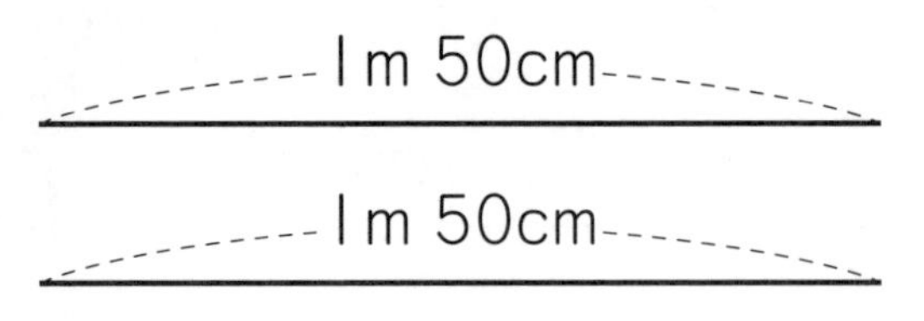

❶ 2本　あわせた　長さは　何 m　ですか。

[　　　　　]

❷ 1 m 50 cm の　ひもから　50 cm　切りとりました。のこりは　何 cm に　なりましたか。

1m 50cm

50cm

[　　　　　]

2 長さの　計算を　しましょう。□に　あてはまる　数を　書きましょう。（60点）1つ20

❶ 87 cm＋60 cm＝□m□cm

❷ 3 m 35 cm＋5 m 64 cm＝□m□cm

❸ 6 m 52 cm－2 m 39 cm＝□m□cm

答えは96ページ ☞

LESSON 81

はこの 形 ①

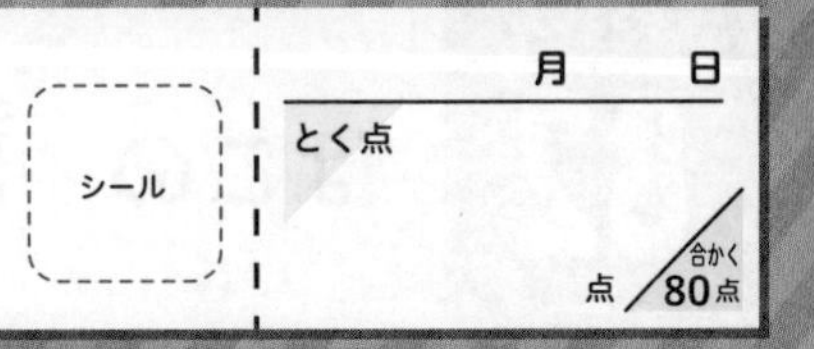

1 右のような はこが あります。㋐，㋑，㋒を 何と いいますか。（60点）1つ20

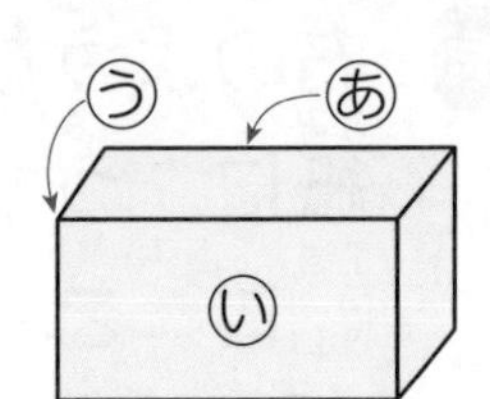

㋐[　　　　　　　　]

㋑[　　　　　　　　] ㋒[　　　　　　　　]

2 右のような さいころの 形に ついて 答えましょう。（40点）1つ10

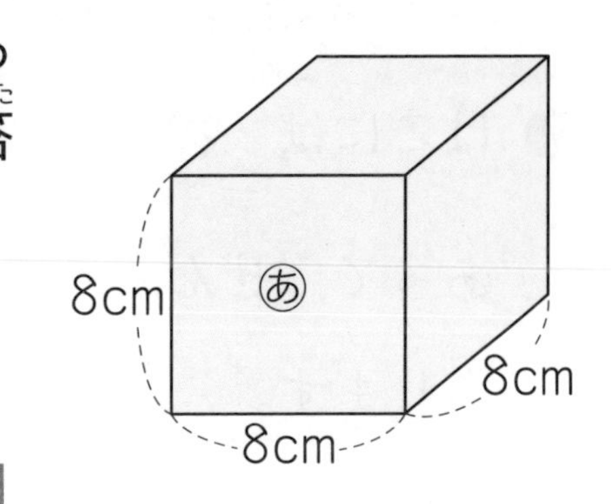

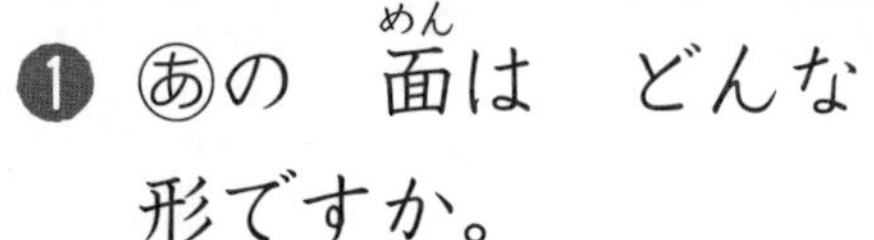

❶ ㋐の 面は どんな 形ですか。

[　　　　　　　　]

❷ ㋐と 同じ 面は いくつ ありますか。

[　　　　]

❸ ちょう点は いくつ ありますか。 [　　　　]

❹ 8cmの へんは いくつ ありますか。

[　　　　]

答えは96ページ ☞

LESSON 82

はこの　形②

シール

月　日

とく点

点／合かく80点

1 右のような　はこの　面を紙に　うつしとりました。□に　ことばや　数を　書きましょう。（100点）□1つ20

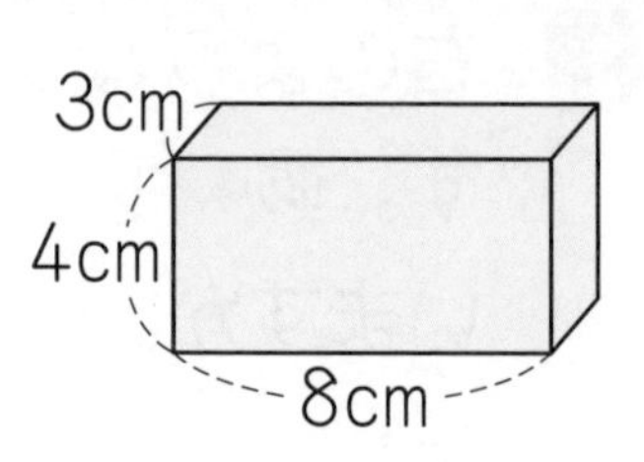

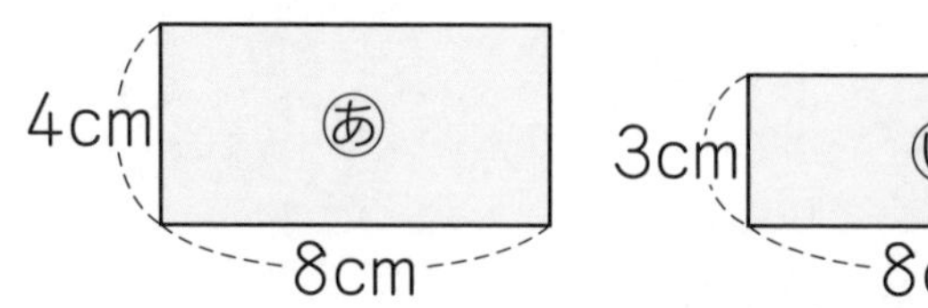

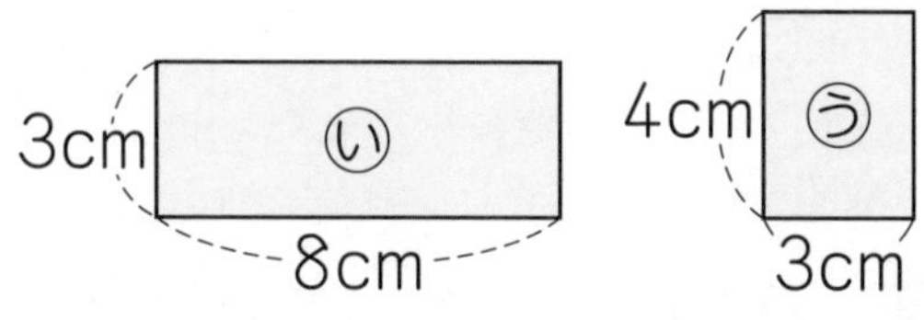

❶ はこには　あ，い，うの　面が　□　つずつあって，ぜんぶで　面は　□　つあります。

❷ 面の　形は　すべて　□　です。

❸ はこの　へんの　数は　ぜんぶで　□　で，ちょう点の　数は　ぜんぶで　□　つです。

答えは96ページ

LESSON 83

はこの 形（かたち） ③

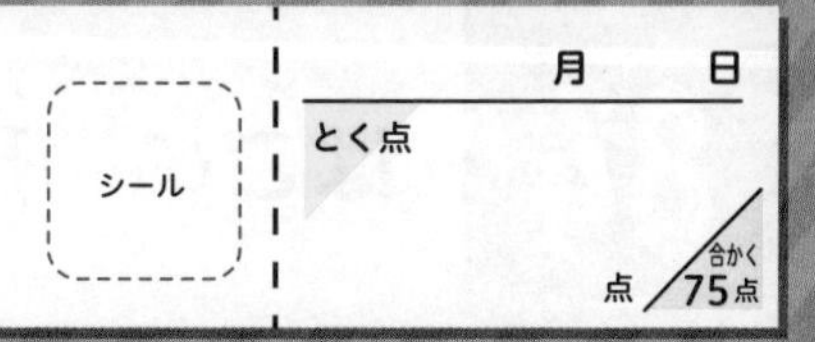

1 右のように はこを 組（く）み立てる 前（まえ）の 形が あります。（100点（てん））1つ25

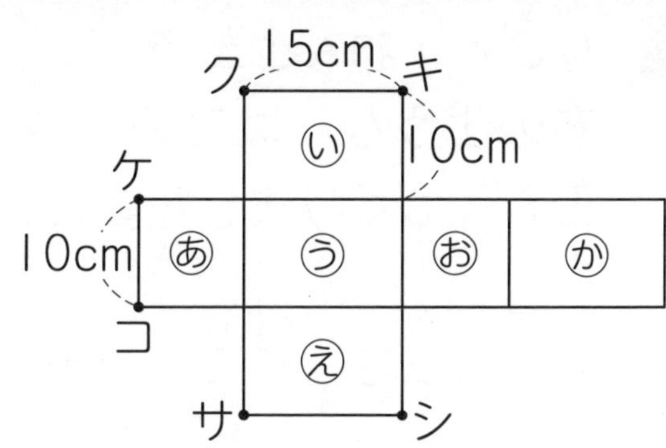

❶ 組み立てた ときに，㋒と むかい合（あ）う 面（めん）は どれですか。 [ ]

❷ ㋔の へんの 長（なが）さは 何（なん）cm ですか。 [ ]

❸ 組み立てた ときに，サの 点（てん）と かさなる 点は キ，ク，ケ，コ，シの どれですか。 [ ]

❹ 組み立てた ときに，①，②，③，④の どれが できますか。 [ ]

①
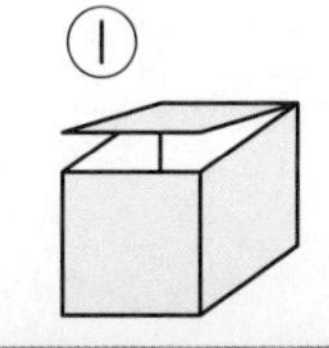
②
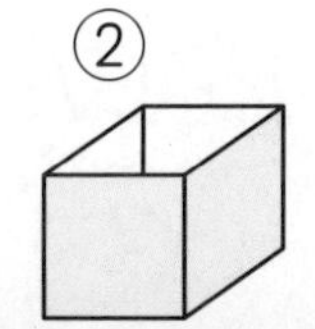
③
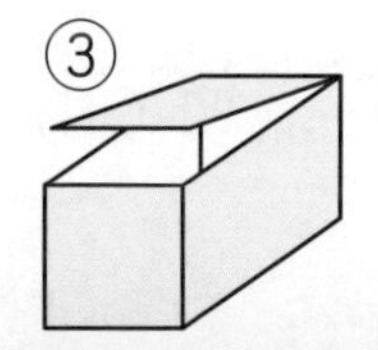
④
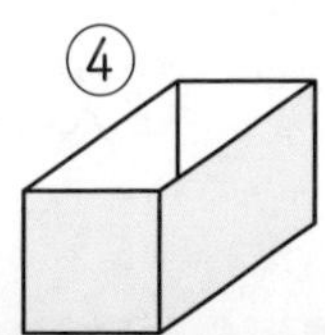

答えは96ページ

LESSON 84

はこの 形(かたち) ④

シール

月 日

とく点

点 合かく80点

1 ひごと ねん土玉で 右のような はこの 形を つくりました。

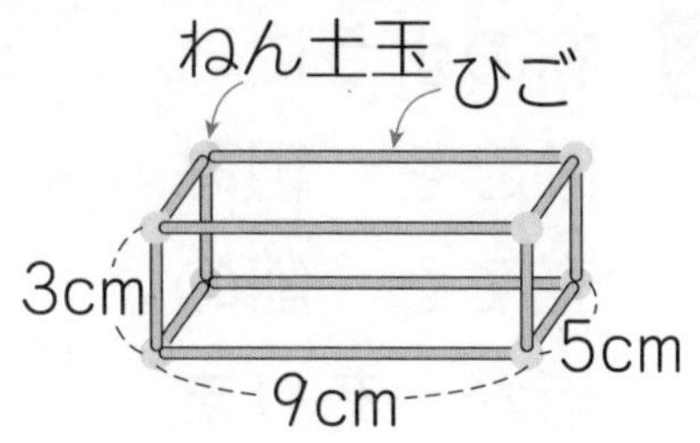

❶ ねん土玉を 何(なん)こ つかいましたか。（20点(てん)）

［　　　　　］

❷ つぎの 長(なが)さの ひごは 何本 つかいましたか。（30点）1つ10

3 cm［　　　　　］ 5 cm［　　　　　］

9 cm［　　　　　］

❸ つぎの 長さの ひごは あわせて 何 cm いりましたか。（30点）1つ10

3 cm［　　　　　］ 5 cm［　　　　　］

9 cm［　　　　　］

❹ この はこの 形を つくるのに ひごは ぜんぶで 何 cm いりましたか。（20点）

［　　　　　］

答えは96ページ

LESSON 85 分数 ①

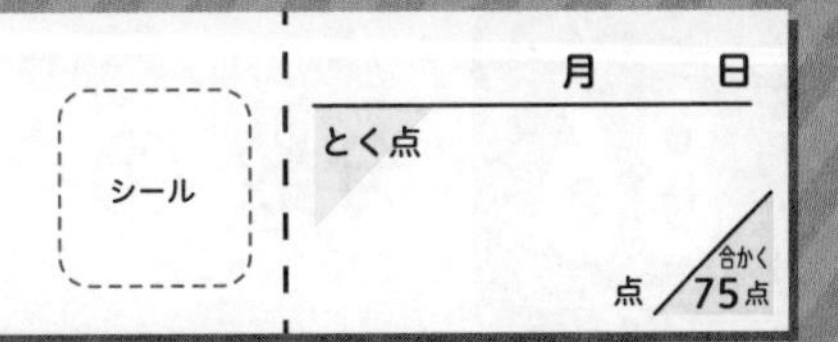

1 円を　切って　いくつかに　分けます。
□に　ことばや　数を　書きましょう。

（100点）□1つ25

❶ 同じ　大きさの　2つの　形に
分けました。
このとき　|つ分の　大きさは，
もとの　大きさの □

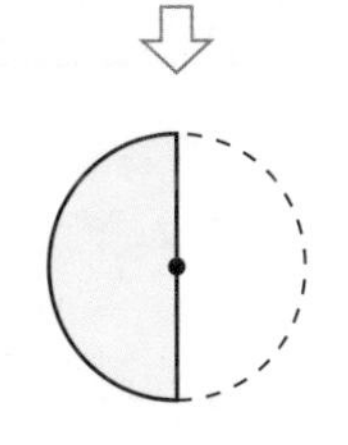

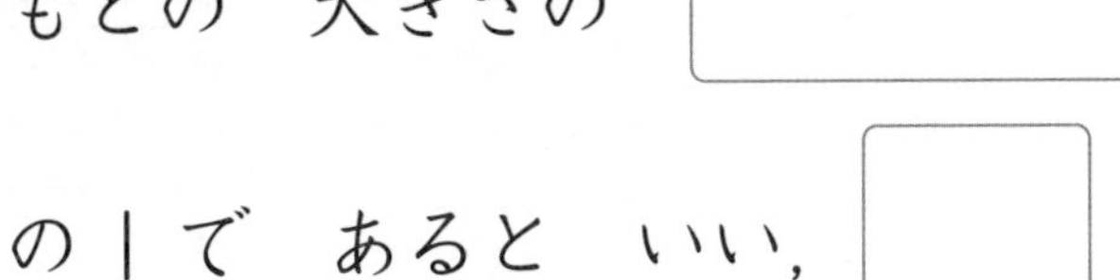
の|で　あると　いい，

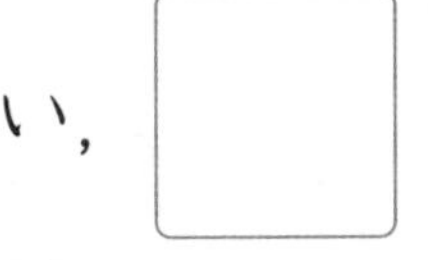

と　書きます。

❷ 同じ　大きさの　4つの　形に
分けました。

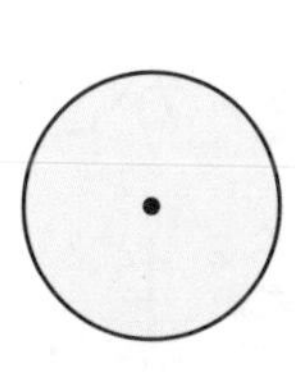

このとき　|つ分の　大きさは，
もとの　大きさの

で　あると　い

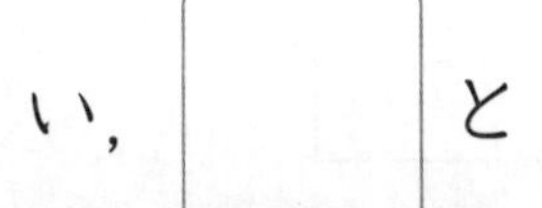
い，□と　書きます。

答えは96ページ ☞

LESSON 86

分数（ぶんすう） ②

シール

月　日

とく点

点　合かく 80点

1 長（なが）さを　分数で　書（か）きましょう。（60点（てん））1つ20

❶ 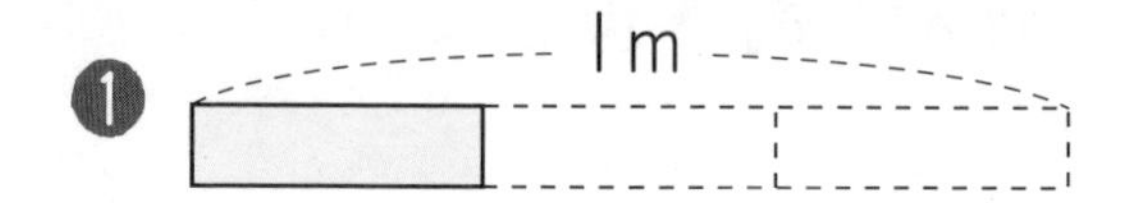

 m

❷ 1m

 m

❸ 1m

 m

2 かさの　分（ぶん）だけ　色（いろ）を　ぬりましょう。

（40点）1つ20

❶ $\frac{1}{4}$ dL

1dL

❷ $\frac{1}{3}$ dL

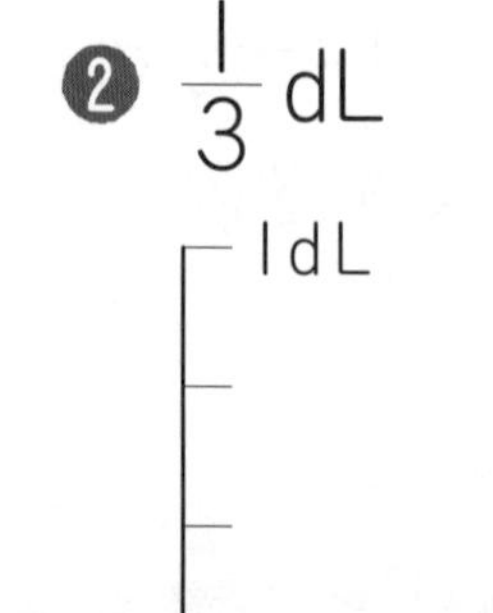

答えは96ページ

答え

算数２年

① ひょうと　グラフ ①　1ページ

1 ❶ 〈すきな　色〉

色	青	赤	みどり	黄色	黒
人数（にんずう）	2	4	6	2	1

❷ 右の　グラフ

〈すきな　色〉

		○		
		○		
	○	○		
	○	○		
○	○	○	○	
○	○	○	○	○
青	赤	みどり	黄色	黒

❸ みどり(色)

❹ 15人

② ひょうと　グラフ ②　2ページ

1 ❶ 下の　グラフ

❷ 6月　❸ 3人

〈けがを　した　人〉

		○									
		○					○			○	
	○	○			○		○			○	○
○	○	○	○		○	○	○	○		○	○
○	○	○	○	○	○	○	○	○	○	○	○
4月	5月	6月	7月	8月	9月	10月	11月	12月	1月	2月	3月

③ たし算　3ページ

1 (じゅんに)2, 2, 4, 38, 44

2 ❶ 82　❷ 32　❸ 67　❹ 73

④ たし算の　ひっ算 ①　4ページ

1 ❶ くらい　❷ 一

❸ 十　❹ 39

2 ❶ 57　❷ 95　❸ 77　❹ 89

⑤ たし算の　ひっ算 ②　5ページ

1 ❶ 18　❷ 79　❸ 88　❹ 76

❺ 49　❻ 67　❼ 93　❽ 57

2 (しき)52+35=87　　87円

⑥ たし算の　ひっ算 ③　6ページ

1 ❶ くらい　❷ くり上げ

❸ 1, 5, 2, 8　❹ 82

2 ❶ 65　❷ 61　❸ 96　❹ 74

アドバイス　ここで，くり上がりのあるたし算の筆算ができるようにします。

⑦ たし算の　ひっ算 ④　7ページ

1 ❶ 71　❷ 55　❸ 90　❹ 33

❺ 86　❻ 62　❼ 40　❽ 97

2 (しき)24+27=51　　51本

⑧ たし算の　きまり　8ページ

1 ❶
```
  28
+45
----
  73
```
❷
```
  67
+15
----
  82
```

2

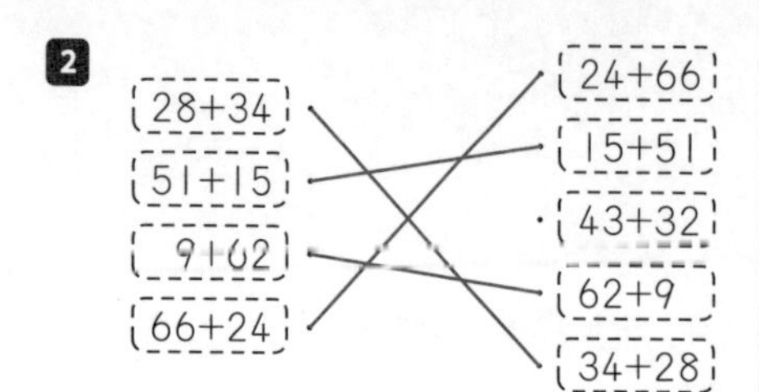

⑨ ひき算　9ページ

1 （じゅんに）13, 13, 7, 17, 17

2 ❶44　❷67　❸36　❹18

⑩ ひき算の　ひっ算 ①　10ページ

1 ❶くらい　❷8，6，2
❸3，2，1　❹12

2 ❶53　❷26　❸41　❹4

⑪ ひき算の　ひっ算 ②　11ページ

1 ❶34　❷62　❸50　❹5
❺87　❻12　❼21　❽15

2 （しき）58−32=26　26まい

⑫ ひき算の　ひっ算 ③　12ページ

1 ❶くらい　❷くり下げ
❸6，5，1　❹15

2 ❶48　❷29
❸4　❹87

アドバイス　ここで，くり下がりのあるひき算の筆算ができるようにします。

⑬ ひき算の　ひっ算 ④　13ページ

1 ❶16　❷78　❸23
❹22　❺38　❻19
❼7　❽46

2 （しき）50−17=33　33人

⑭ ひき算の　きまり　14ページ

1 ❶ $\begin{array}{r} 59 \\ +19 \\ \hline 78 \end{array}$　❷ $\begin{array}{r} 22 \\ +21 \\ \hline 43 \end{array}$

2

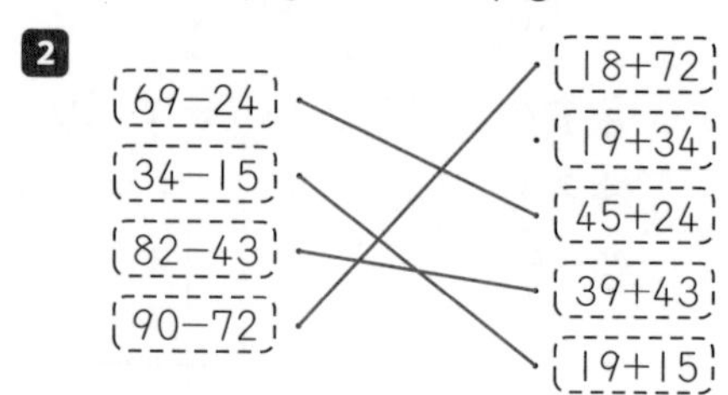

アドバイス　（答え）+（ひく数）=（ひかれる数）になることを確認します。

⑮ たし算や　ひき算の　もんだい ①　15ページ

1 ❶えんぴつ
❷（しき）36−25=11　11本
❸けしゴム
❹（しき）25−23=2　2こ

⑯ たし算や　ひき算の　もんだい ②　16ページ

1 （しき）48−23=25　25こ

2 （しき）24+9=33　33人

3 （しき）45−8=37　37こ

アドバイス　なぜたし算になるのか，ひき算になるのかを理解させましょう。

⑰ 長さ ①　17ページ

1 ㋐7　㋑3　㋒5

2 1，12

⑱ 長さ ② 18ページ

1 ❶10 ❷4 ❸78 ❹3,6

アドバイス 1cm=10mm であることを理解させましょう。

2 ㋐2 ㋑45 ㋒73
㋓11，6

⑲ 長さ ③ 19ページ

1 ❶3，7 ❷5 ❸8，7
❹9

⑳ 長さ ④ 20ページ

1 ❶ノートのはば ❷2，2

2 ❶8，6 ❷12，3
❸6，7

㉑ 1000までの 数 ① 21ページ

1 ❶628 ❷974
❸4，8，9

2 ❶232 ❷203
❸313 ❹504

アドバイス ❸□の数を数えます。□の数は，100が3こと，10が1こと，1が3こであることを理解させましょう。

㉒ 1000までの 数 ② 22ページ

1 ❶(左から)3，7，8
❷(左から)8，0，7
❸(左から)6，9，0

2 ❶25 ❷68 ❸43 ❹79

㉓ 1000までの 数 ③ 23ページ

1 ❶450，500
❷859，861
❸500，700

2 ㋐450 ㋑600 ㋒670
㋓740

㉔ 1000までの 数 ④ 24ページ

1 ❶

500 510 520 530

❷

700 800 900 1000

2 ❶1000 ❷595 ❸910
❹300

㉕ 何十，何百の 計算 25ページ

1 ❶600円 ❷200円

2 ❶80 ❷800 ❸1000
❹50 ❺200 ❻500

アドバイス 10や100のたばを意識させましょう。

㉖ 数の 大小 26ページ

1 ❶100円 ❷ラムネとアメ

2 ❶> ❷< ❸< ❹>

㉗ 水の かさ ① 27ページ

1 ❶4 ❷2，3

2 ❶50 ❷1，3
❸28 ❹9

アドバイス ｜L=10 dL であることを，しっかり覚えさせましょう。

㉘ 水の　かさ ②　28ページ

1 ❶ 1，4　❷ 5，9
❸ 4，2　❹ 3，5

2 ❶ 2 L 3 dL　❷ 9 dL

㉙ 水の　かさ ③　29ページ

1 ❶ 300　❷ 140

2 ❶ mL　❷ dL　❸ 7
❹ 600

3 ❶ >　❷ <

㉚ 水の　かさ ④　30ページ

1 ❶ 150　❷ 1　❸ 80
❹ 300

2 ❶ 1 L 4 dL　❷ 2 dL

アドバイス 1 L=1000 mL，1 dL=100 mL の関係をしっかりと覚えさせましょう。800 mL=8 dL，600 mL=6 dL となります。

㉛ 時こくと　時間 ①　31ページ

1 ❶ 8時　❷ 8時30分
❸ 30分

2 ❶ 6時50分
❷ 6時10分

アドバイス 時刻と時間の違いをはっきりさせましょう。また，長針が1目盛り動くと，1分進むということを，しっかりと覚えさせます。

㉜ 時こくと　時間 ②　32ページ

1 ❶ 2時間　❷ 1時間
❸ 3時間

2 ❶ 7時　❷ 12時(0時)

㉝ 時こくと　時間 ③　33ページ

1 ❶ 14分　❷ 21分　❸ 35分

2 ❶ 5時48分　❷ 5時6分

㉞ 時こくと　時間 ④　34ページ

1 ❶ 60　❷ 110　❸ 1，10
❹ 1，40

アドバイス 1時間は60分に等しいことを覚えさせます。

2 ❶ 7時5分　❷ 7時55分

㉟ 時こくと　時間 ⑤　35ページ

1 ❶ 午前7時45分(ふん)
❷ 午後5時18分(ぷん)

2 ❶ 12　❷ 24

3 ❶ 1時　❷ 4時間

㊱ 時こくと　時間 ⑥　36ページ

1 ❶ ㋐午前　㋑午後
❷ 分(ぷん)　❸ 2時間
❹ 14時間

アドバイス ❹みさとさんは，午前6時に起きて午後8時に寝たので，起きていた時間は，12時間+2時間=14時間です。正午で分けて，6時間+8時間=14時間と考えてもよいでしょう。

㊲ たし算の　ひっ算 ⑤　37 ページ

1 ❶くらい　❷－　❸＋
❹146

2 ❶118　❷126　❸134
❹106

㊳ たし算の　ひっ算 ⑥　38 ページ

1 ❶100　❷145　❸131
❹130　❺102　❻105
❼121　❽131

2 （しき）48+59=107　107羽

アドバイス 十の位に1くり上がっていることに注意させます。

㊴ たし算の　ひっ算 ⑦　39 ページ

1 ❶116　❷135　❸149
❹143　❺129　❻128

2 （しき）23+55+46=124
124ページ

㊵ たし算の　ひっ算 ⑧　40 ページ

1 ❶
$$\begin{array}{r} 421 \\ +\ 29 \\ \hline 450 \end{array}$$
❷
$$\begin{array}{r} 29 \\ +421 \\ \hline 450 \end{array}$$

2 ❶385　❷172　❸760

㊶ ひき算の　ひっ算 ⑤　41 ページ

1 ❶7
❷（じゅんに）百，15，7
❸73

2 ❶95　❷74　❸70

アドバイス ここで，百のくらいからくり下げるひき算の筆算ができるようにします。

㊷ ひき算の　ひっ算 ⑥　42 ページ

1 ❶78　❷59　❸83
❹76　❺69　❻86

2 ❶78
（たしかめ）
$$\begin{array}{r} 78 \\ +67 \\ \hline 145 \end{array}$$
❷83
（たしかめ）
$$\begin{array}{r} 83 \\ +78 \\ \hline 161 \end{array}$$

㊸ ひき算の　ひっ算 ⑦　43 ページ

1 ❶くらい　❷10
❸9，5，4　❹46

2 ❶58　❷79

アドバイス くり下がりが2回あることに注意させます。とくに，ひかれる数の十の位が0のときは，迷うことが多いので，手順にしたがって1回ずつていねいにくり下げるようにさせましょう。

$$\begin{array}{r} \overset{9}{\cancel{10}} \\ \cancel{1}\cancel{0}6 \\ -\ 48 \\ \hline 58 \end{array}$$

㊹ ひき算の　ひっ算 ⑧　44 ページ

1 ❶433　❷487　❸165
❹337　❺608　❻506

2 （しき）165−46=119
119まい

㊺ 計算の　じゅんじょ ①　45ページ

1 ❶ 26　❷ 65　❸ 68
❹ 100

アドバイス かっこの中の計算を先にするということを，覚えさせましょう。

2 ❶ (しき)35，47，33，115
115円
❷ (しき)35，47，33，115
115円

㊻ 計算の　じゅんじょ ②　46ページ

1 ❶ 13+5+5=13+(5+5)
=23
❷ 17+3+8=(17+3)+8
=28
❸ 4+7+16=4+16+7
=(4+16)+7=27
❹ 9+12+8=9+(12+8)
=29
❺ 55+17+5=55+5+17
=(55+5)+17=77
❻ 16+4+53=(16+4)+53
=73
❼ 3+55+5=3+(55+5)
=63
❽ 12+7+18=12+18+7
=(12+18)+7=37
❾ 58+42+25=(58+42)
+25=125
❿ 89+13+27=89+(13+
27)=129

㊼ たし算や　ひき算の　もんだい ③　47ページ

1 ❶ 19，26，44
❷ 26，19，7，44

2 ❶ +，8，34
❷ −，9，9，34

㊽ たし算や　ひき算の　もんだい ④　48ページ

1 ❶ (しき)43−28=15
15まい
❷ (しき)16+34=50
50こ

アドバイス 下のような図を使って説明するとよいでしょう。

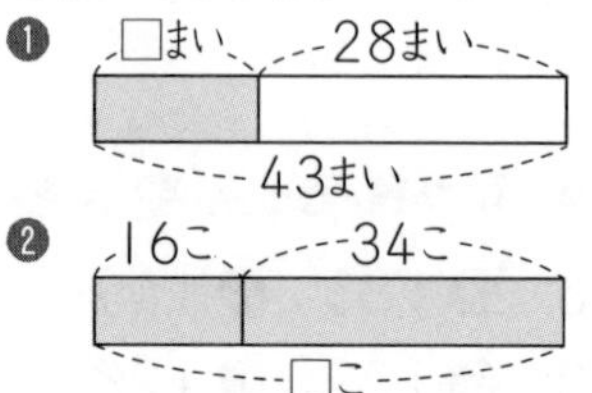

2 (しき)68+57=125
125円

㊾ 三角形と　四角形 ①　49ページ

1 ❶ 三角形　❷ 四角形

2 三角形…㋑，㋔，㋛
四角形…㋕，㋗，㋚

㊿ 三角形と　四角形 ②　50ページ

1 へん，ちょう点

2 (れい)

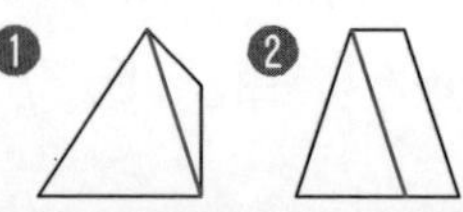

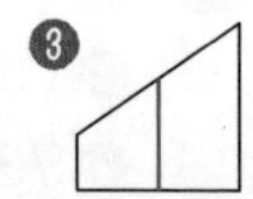

51 長方形・正方形・直角三角形 ① 51ページ

1 ❶直角 ❷長方形 ❸正方形
❹直角三角形 ❺3

52 長方形・正方形・直角三角形 ② 52ページ

1 長方形…㋑，㋔
正方形…㋐，㋚
直角三角形…㋓，㋕

2 ㋐，㋑

53 長方形・正方形・直角三角形 ③ 53ページ

1 (れい)

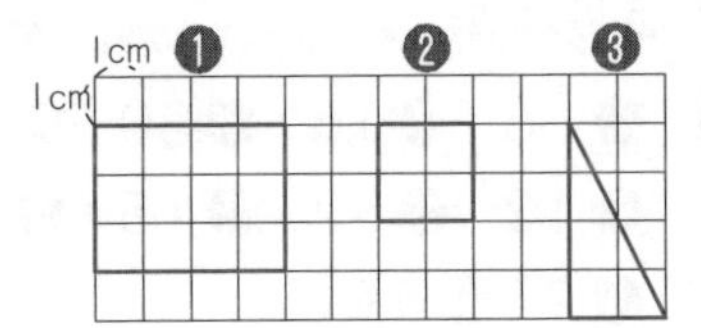

2 14 cm

アドバイス 長方形では，向かい合う辺の長さが等しいことから考えさせます。
3+4+3+4=14(cm)

54 長方形・正方形・直角三角形 ④ 54ページ

1 ❶(れい)

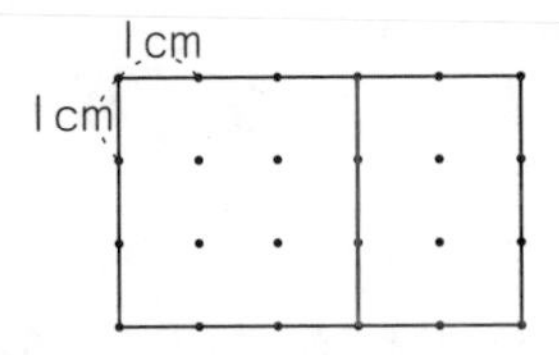

❷2 cm

2 ❶14こ ❷10こ

アドバイス ❶は，□4つを組み合わせた正方形や，9つを組み合わせた正方形，❷は△の形を見落とさないように気をつけさせましょう。

55 かけ算の しき ① 55ページ

1 ❶2 ❷3
❸2ばい，×，かけ算

2 (しき)5×2=10 10こ

56 かけ算の しき ② 56ページ

1 ❶

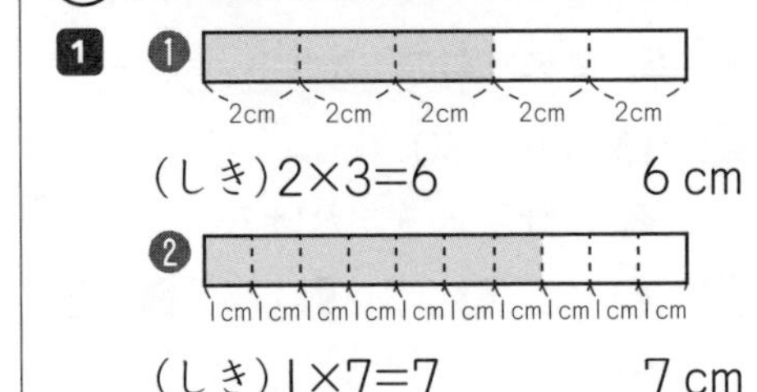

(しき)2×3=6 6 cm

❷

(しき)1×7=7 7 cm

57 5，2のだんの 九九 ① 57ページ

1 ❶(しき)5×3=15 15こ
❷(しき)5×5=25 25こ
❸五五(ごご) 25

2 ❶5，8，40
❷五八(ごは) 40

58 5，2のだんの 九九 ② 58ページ

1 ❶(しき)2×4=8 8 L
❷(しき)2×9=18 18 L
❸二六(にろく) 12

2 ❶2，7，14 ❷二八(にはち) 16

59 3，4のだんの 九九 ① 59ページ

1 ❶3×3=9 ❷3×5=15

2 ❶三六(さぶろく) 18，18
❷三七(さんしち) 21，21
❸三九(さんく) 27，27

⑥⓪ 3, 4 のだんの　九九 ②　60ページ

1 ❶ 4×4=16
❷ 4×2=8

2 ❶ 四六（しろく）　24, 24
❷ 四八（しは）　32, 32

⑥① 6, 7 のだんの　九九 ①　61ページ

1 ❶ 六五（ろくご）　30
❷ かけられる, かける

2 ❶ 12　❷ 28　❸ 49　❹ 42
❺ 54

⑥② 6, 7 のだんの　九九 ②　62ページ

1 ❶ (九九)六八（ろくは）　48, 48
❷ (九九)七五（しちご）　35, 35

2 ❶ 24　❷ 6　❸ 8

⑥③ 8, 9 のだんの　九九 ①　63ページ

1 ❶ 64, 8
❷ 63, 18
❸ 72

2 ❶ 40　❷ 9　❸ 64　❹ 63
❺ 36　❻ 48　❼ 72

⑥④ 8, 9 のだんの　九九 ②　64ページ

1 ❶ (九九)九六（くろく）　54, 54
❷ (九九)八三（はちさん）　24, 24

2 ❶ 16　❷ 45　❸ 27
❹ 8　❺ 32　❻ 81

⑥⑤ 1 のだんの　九九　65ページ

1 ❶ 8, 9　❷ 同じ（おな）　❸ 1

2 (九九)一六（いんろく）が 6　　6こ

⑥⑥ かけ算 ①　66ページ

1 ㊓, 4

2 ❶ 21　❷ 18　❸ 40　❹ 6
❺ 81　❻ 14　❼ 28　❽ 36
❾ 40　❿ 18　⓫ 56　⓬ 4

⑥⑦ かけ算 ②　67ページ

1 ❶ 36　❷ 16　❸ 30　❹ 42
❺ 12　❻ 72　❼ 15　❽ 24
❾ 9　❿ 49

2 ❶ 7　❷ 4　❸ 9　❹ 5　❺ 3

⑥⑧ かけ算 ③　68ページ

1 ❶ 6　❷ 24　❸ 35　❹ 8
❺ 4　❻ 56　❼ 7　❽ 36
❾ 21　❿ 20

2 ❶ 2　❷ 1　❸ 5　❹ 6　❺ 6

⑥⑨ 九九の　ひょうと　きまり ①　69ページ

1 ❶ 5　❷ 6　❸ 14　❹ 4
❺ 32　❻ 36　❼ 48　❽ 14
❾ 24　❿ 56　⓫ 72　⓬ 9
⓭ 54　⓮ 72

2 ❶ 6　❷ かける, 同じ（おな）

⑳70 九九の　ひょうと　きまり ②　70ページ

1 ❶ 2×6, 3×4, 4×3

❷ 3×8, 4×6, 6×4

2 ❶ 2×8, 8×2, 4×4

❷ 7×9, 9×7

3 ❶ 8　❷ 5

71 九九の　ひょうと　きまり ③　71ページ

1 ❶ 13, 13, 13, 39

❷ (じゅんに)27, 4, 12, 12, 39

2 ❶ 30　❷ 22　❸ 33　❹ 24

72 かけ算の　もんだい ①　72ページ

1 (しき)6×9=54　　54まい

2 (しき)7×5=35

35+85=120　　120円

3 (しき)8×4=32

32−26=6　　6こ

73 かけ算の　もんだい ②　73ページ

1 (しき)8×7=56　　56 m

アドバイス 絵をかいて説明するとよいでしょう。

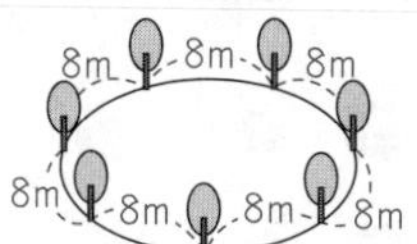

2 (しき)4×4=16　3×4=12

16+12=28　　28本

アドバイス 四角形と三角形のセットを4セット作ると考えて，式を 4+3=7 7×4=28 としてもかまいません。

3 (しき)4×2=8　6×3=18

8+18=26　　26 cm

74 かけ算の　もんだい ③　74ページ

1 4, 4, 6

2 (しき)5×7=35

35+5=40　　40こ

3 ❶ 45　❷ 9　❸ 72　❹ 36

75 10000までの　数 ①　75ページ

1 ❶ 2221　❷ 6012

❸ 3640　❹ 5021

2 ❶ 二千六百十六

❷ 八千三　❸ 7897

❹ 6024

76 10000までの　数 ②　76ページ

1 ❶ 7500　❷ 36

❸ 4828　❹ 10

2 ❶ 4000, 5000

❷ 5680, 5690

❸ 8600, 8500

❹ 9997, 9995

77 10000までの　数 ③　77ページ

1

	(数字)	(かん字)
❶	6500	六千五百
❷	7300	七千三百
❸	8600	八千六百
❹	9900	九千九百

2 ❶ 9710　❷ 10000

❸ 9996　❹ 1000

⑺⑻ 10000までの　数 ④　78ページ

1 ❶ <　❷ >

2 12, 1200

3 ❶ 1500　❷ 8000
❸ 800　❹ 5000

⑺⑼ 長さ ⑤　79ページ

1 ❶ 100　❷ 1, 60
❸ 135　❹ 4, 8

2 ❶ 3 m　❷ 3 m 45 cm

⑻⑽ 長さ ⑥　80ページ

1 ❶ 3 m　❷ 100 cm

2 ❶ 1, 47　❷ 8, 99
❸ 4, 13

アドバイス　1 m=100 cm であるということを，しっかりと覚えさせましょう。

㉛ はこの　形 ①　81ページ

1 ㋐へん　㋑面　㋒ちょう点

2 ❶ 正方形（せいほうけい）　❷ 6つ　❸ 8つ
❹ 12

㉜ はこの　形 ②　82ページ

1 ❶ 2, 6　❷ 長方形（ちょうほうけい）　❸ 12, 8

㉝ はこの　形 ③　83ページ

1 ❶ ㋕　❷ 10 cm
❸ コ　❹ ③

アドバイス　箱を組み立てたときに重なる辺や頂点を確認しましょう。

㉞ はこの　形 ④　84ページ

1 ❶ 8こ
❷ 3 cm…4 本
5 cm…4 本
9 cm…4 本
❸ 3 cm…12 cm
5 cm…20 cm
9 cm…36 cm
❹ 68 cm

㉟ 分数 ①　85ページ

1 ❶ 2 分, $\frac{1}{2}$

❷ 4 分の 1, $\frac{1}{4}$

㊱ 分数 ②　86ページ

1 ❶ $\frac{1}{3}$　❷ $\frac{1}{4}$　❸ $\frac{1}{2}$

2 ❶ 1dL　❷ 1dL